U0741058

人邮普华
PUHUA BOOK

我
们
一
起
解
决
问
题

情商与情绪心理学

UNDERSTANDING EMOTIONAL INTELLIGENCE

［英］吉尔·海森（Gill Hasson）著

苏雪梅 译

人民邮电出版社

北　京

图书在版编目（CIP）数据

情商与情绪心理学 ／（英）吉尔·海森
（Gill Hasson）著；苏雪梅译. -- 北京：人民邮电出
版社，2024. -- ISBN 978-7-115-64852-5

Ⅰ. B842.6

中国国家版本馆 CIP 数据核字第 20246R2J43 号

内 容 提 要

为什么有人身处困境也能从容应对，有人却全面溃败，不知如何收场？为
什么有人仅靠直觉就能高效决策，有人却耗时耗力地分析了无数次后还是自感
无从判断？为什么有人能控制自己的情绪，有人却受冲动的摆布？这些不同的
背后就是我们情商的不同，换句话说，就是我们情绪能力的不同。

本书作者吉尔·海森作为情绪指导专家研究了多年的情商问题，这是她探
讨情绪的一本重要著作。一方面，本书能帮助我们认识情绪是如何发挥作用的，
使我们觉察并了解自己的情绪，更准确地掌握自己的决定、想法和行动；另一
方面，本书还可以帮助我们理解他人的感觉、情绪以及需求，并让我们利用情
绪工具更好地激励他人，与他人建立融洽的关系。

本书非常适合渴望管理好自己与他人情绪的读者阅读，我们相信，大家在
阅读后会发现自己越来越能正视情绪本身，并且越来越能发挥情绪的真实价值。

◆ 著 ［英］吉尔·海森（Gill Hasson）

  译 苏雪梅

  责任编辑 姜 珊

  责任印制 彭志环

◆ 人民邮电出版社出版发行 北京市丰台区成寿寺路 11 号

  邮编 100164 电子邮件 315@ptpress.com.cn

  网址 https://www.ptpress.com.cn

  固安县铭成印刷有限公司印刷

◆ 开本：880×1230 1/32

  印张：7 2024 年 8 月第 1 版

  字数：150 千字 2025 年 8 月河北第 3 次印刷

  著作权合同登记号 图字：01-2024-3910 号

定 价：49.80 元

读者服务热线：（010）81055656 印装质量热线：（010）81055316
反盗版热线：（010）81055315

前言

感受和情绪，人与人之间的相处之道

> 切记，人与人之间的相处之道，并非逻辑和道理，而是感受和情绪。
>
> ——戴尔·卡耐基（Dale Carnegie）

"情感"引发行动，也有可能让我们采取错误的行动。"情感"的英文单词是 Emotion，Emotion 在拉丁文中被表示为"motus anima"，含义是"推动行为的内在精神力量"。

无论我们认为自己行动时多么合乎逻辑、讲道理和充满理智，但是，真正激励和驱使我们的还是我们的情感。在我们关于人与事物的观察、理解和解释方面，情感起着关键作用。

情感很容易被我们忽视，或避之不及，因为混乱的情绪常被看作理性思考和决策的干扰因素。理智常常被看作独立于情

> 从情商的角度来讲，理智与情感水乳交融，二者具有同等重要的意义。

感之外的，并且是高于情感的。但是，从情商的角度来讲，理智与情感水乳交融，二者具有同等重要的意义。

情商决定了我们如何有效地认识、理解、应用和管理自己以及他人的感觉。这些能力，是决定我们在个人生活和职业生涯中与他人的相处状态的重要因素。

我们可能都认识一些善于觉察和管理自己情绪的人：他们能够觉察和理解自身的感受，也能够很得体地表达自己的感觉。不管情况多么糟糕，他们都不会让自己被情绪牵着鼻子走，他们能够恰当地处理一系列情绪，比如失望、嫉妒、内疚等。

他们非常认可自己，也能够坦然地表达自己对于他人的赞赏、同理心和怜爱之情。高情商的人遵从自己的内心感受，与其他人保持和谐的关系。他们是高明的决策者，深谙何时要相信自己的直觉，何时应该利用自己的潜意识。

这样的人也很善于沟通，他们通常都知道自己应该说什么、怎么说，最重要的是，他们知道什么时候把话说出来。他们擅长睿智地寻求帮助，也不会困惑于说服和影响他人。尽管如此，他们不会为了达到自己的目的而操控或者玩弄他人的情感。

生气时，这些人会恰当地管理自己的情绪，同时依然勇于坚持自己的立场。受到伤害时，他们不会因为顾虑而强忍着眼泪。犯错误时，他们愿意承认自己的错误，不会因为尴尬而拒绝道歉。

无论自己身上有哪些优缺点，这样的人通常都会坦诚而真实地看待自己。他们为自己的情绪负责，不会从其他人身上找原因，更不会因为自己的感受而责备他人。他们接受生活的挑战，能够承受挫折；他们积极乐观地看待自己，看待周围的每一个人，也积极乐观地生活。他们了解自己，也能够很好地觉察和应对他人的情感需求。

你想让自己成为这样的人吗？本书描述了很多可供参考的具体方法。

怎样使用这本书

本书由两部分组成。第一部分介绍了识别、理解和管理情绪的技巧。第二部分则主要关注在特定情境下如何有效地应用你的情绪能力。

从原则上讲，我当然希望你能够一页一页地阅读这本书，从第 1 章开始，按顺序读到第 15 章。不过，如果你的阅读习惯和我的一样，那么这本书同样适合跳跃式阅读。也就是说，如果你想要了解怎样管理情绪，那么你可以直接从第 6 章开始阅读；如果你想学习怎样管理他人的情绪和感受，那么就请直接阅读第 7 章。

但是，如果你的出发点是更好地理解情绪的存在和特点，那么你可以从第 1 章开始，然后跳到第 4 章。

你想了解自己的情绪能力吗？那么你可以直接翻到第 2 章的测试部分。这个测试能够让你看到自己目前的优势，以及你的情绪能力在哪些方面和何种情况下还有待提高。无论你的情商水平如何，如果你想更多地了解为什么自己和其他人会有特定的反应模式，那么你可以直接阅读第 3 章。

研究表明，人际交往中的情绪和感受，93% 是通过非语言的方式表达的。所以，如果你想要提高自己的情绪能力，就需要更多地关注非语言表达能力。第 5 章的内容对此有所帮助。

在第一部分的各个章节中，我提供了大量的实用建议和技巧，帮助你将情商理论应用到生活实践中去。你可以学习的内容包括：怎样改变自己的情绪观念、怎样提高自己的直觉能力、怎样帮助孩子提升情绪能力，等等。如果你参考那些最能够引起你关注的建议和技巧，通过大量实践，你的情绪能力将很快获得提高。

不过，在面对某些特定情况时，我们常常需要一些更有针对性的建议。本书的第二部分关注了这些特定情况，比如放手、说服和影响他人等。如果你需要了解怎样面对失望或内疚的情绪，那么你可以阅读第 10 章和第 14 章的内容。

如果你想要了解导致一个人愤怒的原因，以及如何管理自己和他人的愤怒情绪，第 12 章会帮到你。

人生总是喜忧参半。如果说收到糟糕的消息是一种挑战，那么怎样向别人传达让人感觉不好的坏消息，则是最艰难的情绪挑战之一。翻到第 15 章，你将学到如何坚定而充满技巧地向他人传达不好的消息。

还好，给予肯定和赞美时，我们不需要像传达不好的消息那样，注意自己的遣词造句是否准确到位；即便有点词不达意，你所表达出的真挚情感也比没有被表达出来的赞美之心更好。请阅读第 13 章，探索怎样通过应用自己的情商创造积极的影响。这就是情商的力量！

你的情绪能力越强，你就越能够从容面对人生的高潮与低谷，得失与成败。让我们学会理解并管理自己的情绪感受，接纳并影响他人的情绪感受，从而打造能够实现共创的持久而高效的人际关系，并取得生活及事业上的成功。

愿每一位读者都能成为最棒的自己！

目录

第一部分　情绪的背后是什么

第 1 章　情绪和情商　●●●

情绪能给我们提供意义感、目标感和成就感，让人有能力去实践和成就自己的选择。而情商意味着识别和理解情绪、利用和管理情绪——既包括你自己的情绪，也包括他人的情绪。

第 2 章　高情商的基本原则就是实事求是　●●●

你的情商水平如何？如果你觉得这个问题很难回答，那

第3章 任何掩藏的情绪都会以其他方式流露出来 ● ● ●

尽管我们有关情绪的信念和态度早在孩童时期就已形成，但是你的信念可以改变，你可以学着用一种更加积极有益的方式思考，我们的大脑具有可塑性！

第4章 情绪需求不同决定行为不同 ● ● ●

虽然我们都有情绪需求，但是每个人的需求强度不尽相同。试着识别情绪需求，将有助于你承担满足这些需求的责任，你也不会因为自己未满足的情绪需求而责备别人。

第 5 章 非语言的情绪表达更能反映真相　● ● ●

你也许意识不到自己用非语言的方式传递了多少信息，但非语言的信息通常会向外界透露你的想法、感觉和情绪，且比你说出来的话更为真实可信。

第 6 章 每一种情绪都有用，就看你怎么用　● ● ●

试着去发现你所在处境中的积极方面总是能使你以不同的方式看待事情，并且能够提高你管理情绪的能力。

第 7 章　同理心帮你赢得整个世界　● ● ●

管理他人的感受和情绪的奥秘不是仅仅倾听他们所说的和知道如何回应他们，这还意味着我们要知道何时去讨论事情。

第二部分　放任情绪与内核稳定的互搏策略

第8章 说服不是强迫，影响并非命令 ● ● ●

首先要明白你想要的，其次要记住"说服应该是建议而不是命令"。强迫和命令可能会在短期内帮你成功地完成工作，但是从长远来看，你不会赢得支持。

第9章 展示信任是高情商的表现 ● ● ●

通过恰当的方式将工作委托给合适的人，不仅合理利用了彼此的时间，发挥了彼此的特长，而且还为自己减轻了工作量和工作压力。

第10章 失去是一种得到 ● ● ●

很多人觉得选择就此结束很困难，因为我们一直考虑的是已经失去而无法索回的东西，诸如时间、精力、爱情和金钱等。想要摆脱现状并做出改变，最好也最容易的做法就是

第 13 章　配得感是现代人都应具备的美德 • • •

有些人在接受赞美和感激时会感觉不适应，这可能是因为其受到关注而感觉很尴尬。将接受称赞也视为一种称赞，这能显示出你很信任和欣赏别人的判断和意见。

第 14 章　接纳自己是个 "人"，而非 "机器" • • •

不管出于何种原因，如果你的"内心批判家"谴责了你，你就会感到内疚，会因为没有做到原来设想的事而无法放过自己。你给自己设置了很多消极的想法，而这些想法在未来的生活中会给你拖后腿。

第 15 章　传达坏消息的万能句式 • • •

情感方面最严峻的挑战之一，就是除了收到坏消息，还有传达坏消息。传达坏消息的时候，最重要的是你要如何倾听和回应对方。

Understanding

Emotional

Intelligence

第一部分

情绪的背后是什么

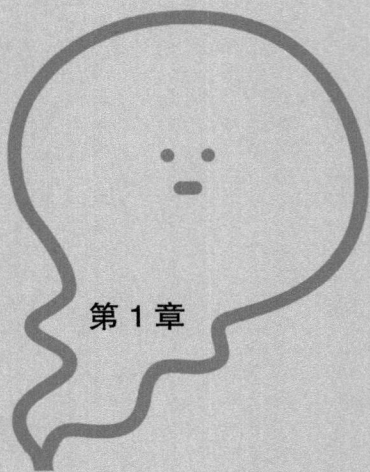

第 1 章

情绪和情商

这是乔和艾利克斯在罗马休假的第一天。他们离开酒店，打算去吃晚餐。就在他们停下来，等绿灯时，一个男人突然从背后勒住了艾利克斯的脖子，并用另一只手紧紧地抓着他的胳膊，那一刻，乔完全惊呆了！一个年轻的女人闪电般地冲过来，夺走了乔的手提包，又从奋力挣脱的艾利克斯的口袋里拿走了他的钱包。这对"雌雄大盗"得手之后就跑了。艾利克斯拼命追赶，但是最终盗贼还是在一条狭窄的小巷子里消失了。

艾利克斯和乔都没有受伤，但是乔明显受到了惊吓。她心跳加速，浑身发抖，开始哭泣。艾利克斯的脸上毫无血色，面色苍白。

他们沿着原路返回酒店，一路上都在不安地左顾右盼。当他们走进酒店大堂的时候，乔仍在不停地发抖。前台服务员听到他们被抢劫的经历之后，也吓了一跳。他给乔和艾利克斯端来饮料，帮他们压惊，然后就向警察局报案。

在等待警察到来的过程中，乔开始感到浑身发冷，不舒服。警察很快赶到了酒店，并把乔和艾利克斯带回警察局做笔录。

等他们再次回到酒店的时候，乔慢慢地不再发抖了，取而代之的则是一种巨大的愤怒情绪。艾利克斯已经无力思考，开始沉默不语。

回到房间之后，艾利克斯松了一口气，倒头便睡，很快就进入了梦乡。可是乔睡不着——她几乎一整夜都没有睡觉，而是翻来覆去地回忆之前发生的一切。

尽管在这次突发事件中，乔和艾利克斯没有受到肉体上的伤害，但是，他们却因此而体验了强烈的情绪反应。

什么是情绪

情绪是连接一个人的想法、感受和行动的桥梁。情绪影响着人的想法、感受和行为等各个方面，同时一个人的想法、感受和行为等也会对情绪产生影响。

——约翰·梅耶（Johan D. Mayer）在 2000 年接受
乔石·佛雷曼（Josh Freeman）采访时的谈话

我们不一定有过被抢劫的经历，但是我们中的大多数人，都像乔和艾利克斯一样，体验过恐惧和愤怒的滋味。这六种情绪，即恐惧、愤怒、惊讶、愉悦、悲伤和厌恶，被公认为最基本、最具普遍性的情绪。每个人，无论年龄、性别、经历或文化背景是否相同，对于这六种基本情绪的体验都是一样的。

但是情绪并不会因此而变得单纯和简单。为什么呢？ 因为情绪会通过多个方面体现出来。

每个人都知道什么是情绪，但似乎又没有一个人能够给情绪下定义。

——费尔和罗素（B. Fehr and J. Russell）

给情绪下定义的最简单做法，就是把情绪看作一种身体感受。但是，身体感受仅仅涉及想法、行为和反馈回路的整个情感体验过程中的一部分。情绪同时具有生理和心理的表现，并且这两个方面的表现相互作用。

生理变化

从身体体验的角度来看待情绪，指的是当人体验到某种情绪时，发生在人体内部的生理变化。

对于乔和艾利克斯而言，这种生理表现体现为心率加快、出汗、哭泣，以及分泌具有抗压作用的肾上腺素，这些都是身体应对外部事件时而做出的反应。

尽管人们对于同一件事可能具有不同的认知反应，也就是说，对于同一件事有不同的看法，但是相同情绪的生理反应却非常相似，不受年龄、人种或者性别的影响。比如，当人感到有压力时，身体就会释放肾上腺激素，这种激素能够帮助我们的身体为下一步的行动做好准备，要么战斗，要么逃跑，这被称为"战斗或者逃跑"反应。

事实上，不同的情绪可以触发同样的生理反应。比如，担忧、愤怒、兴奋都可能表现为心跳加速、呼吸加快以及肾上腺素激增。

行为表现

情绪的这部分表现，指的是一个人外在的情绪表达方式，也就是当人体验到某种情绪时会做什么，以及是否会采取行动等。

人在情绪状态下的行为表现受到诸多因素的影响，其中包括一个人掌控事件的能力，以及该事件与这个人的过往经历的关系。比如，当乔和艾利克斯被人抢劫时，乔吓呆了，而艾利克斯则尽力反抗并去追赶歹徒。

一个人的外在情绪表现为其他人提供了情绪信息，能够帮助他们做出相应的反应。乔和艾利克斯的痛苦表现引发了酒店服务员的关心和进一步的帮助。

情绪的外在表现在不同的文化中具有不同的含义。比如，在某些文化中，避免直视他人的眼睛被视为一种尊重，但是，在其他文化中，这有时会被认为是感到内疚。

> 情绪的外在表现在不同的文化中具有不同的含义。

认知感受

从这个层面上看待情绪，涉及一个人的思维模式，也就是当事情发生时，我们在想些什么、我们怎样看待和理解所发生的一切。情绪的认知表现是情感的内在"感受"，也就是意识，这是情绪的主观要素。

一个人的主观感受很难被他人察觉或者被揣摩。相反，这种体验只能由感受到情绪的人自己描述出来，而且，每个人对于某种情绪的解读和描述都略有不同。

所以，尽管乔和艾利克斯一起经历了被抢劫事件，但是他们的体验不尽相同，或者说，他们在描述自己的感受时也不会完全一样。

♡ 精彩案例

与乔西结婚的那天，克莱尔感到异常高兴。乔西非常有魅力，有一份不错的工作。他既善良又体贴，不过乔西有酗酒的问题。就在克莱尔感到幸福快乐的同时，乔西感到很骄傲，克莱尔的妹妹感到悲伤，克莱尔的父母有些担心，而乔西的父母则感到宽慰。每个人对于同一件事情的不同想法，引发了不同的情绪（尽管他们每一个人都有类似的身体反应：流眼泪）。

当体验到某种情绪的时候，无论你是否能够完全意识到上述三个层面的体验，所有的情绪体验都包含着生理、行为和认知这三个层面的元素。

在下面的三个场景中，每一种情况都激发了一种情绪，而每一种情绪都包含了生理变化、认知感受及行为表现。

场景 1：被抢劫
情绪：害怕

- 生理变化：心跳加快，呼吸急促。

- 认知感受："我受到了威胁！""我会被伤害！""不能让他们就这么得逞！""天哪！天哪！"
- 行为表现：吓呆了，逃跑，反击，哭泣。

场景 2：通过驾驶考试
情绪：高兴

- 生理变化：心跳和呼吸频率加快。
- 认知感受："太棒了！ 我要立即告诉大家！""我真不敢相信，我考过了！"
- 行为表现：挥动双臂，给朋友和家人打电话、发信息，告诉他们这个好消息。

场景 3：你所在的团队在决赛中失利
情绪：悲伤

- 生理变化：缓慢地深呼吸。
- 认知感受："这太不公平了，应该是我们赢！""哎，算了吧，明年继续努力。"
- 行为表现：没有做什么，沉浸在悲伤的情绪中。

情绪在这三个方面的表现没有一个固定的出现顺序，但是它们会对彼此产生影响。比如，你的想法会影响你的生理变化，并因此改变你的行为表现。同样，你做什么，也就是你采取怎样的行动，也会影响你的生理变化和想法。在第 5 章，你将会看到，最新的研究表明，你做什么，比如，你怎么坐着或者站着，会对你的生理变化和想法产生怎样的影响。

💙 精彩提示

当你体验到某种情绪的时候，比如，你感到生气、高兴、内疚或骄傲时，试一试从这三个方面识别自己的情绪。把一种情绪分解为几个小部分，让我们更容易认清情绪的这些组成部分是怎样相互关联和相互作用的，以及它们对我们产生了什么影响。

情绪与心情

情绪与心情息息相关，但又有所区别。情绪是个体对于某个特定事件的具体反应，比如，害怕或惊讶。情绪通常是暂时出现的，不会持续很长时间。

相反，心情则会持续较长的时间，但却不那么具体，不那么强烈，而且通常不是由某一个特定事件或场景引发的。心情是一种持续几个小时或者很多天的更为普遍的感受，比如，忧郁、难过、冷漠、满足、快乐等。

情绪出现的时间相对较短，且具有清晰的目的或起因。情绪总是伴随着某件事而出现，它针对或者关注某件事，比如，某个人在咬手指甲，这件事可能让你感到很厌烦。而心情则更有可能让你产生某种情绪，比如，当你的心情很烦躁时，你会更容易被某个人咬手指甲这样的事情所刺激，并感到厌烦。

情绪是从哪里来的

我们的情绪是由大脑边缘系统产生的。大脑边缘系统不会对外界刺激进行理性分析或解释，而是直接做出本能反应。事实上，边缘脑产生的情绪反应是人体内在的固定反应模式，这也是为什么我们的情绪反应很难被掩饰的原因（你不妨在自己大吃一惊的时候，看看能否压抑自己的惊吓反应）。

你在对某个人或者某件事表现出情绪化反应时，正是你的大脑边缘系统在发挥作用。所以，边缘反应能真实地映射出你的感受、态度和意图。

大脑皮层是人脑中负责思考、记忆和逻辑等认知能力的功能区。我们通过大脑皮层形成、控制和用语言表达我们的想法、创意及观点。

你为什么会有情绪

所有的情绪，无论正面的情绪还是负面的情绪，都具有积极的意义，都是为了满足我们的身体需要并有助于我们实现个人追求和社会目的。

保障我们的人身安全

首先，情绪对人有保护作用，能让我们获得安全。情绪是处理信息和影响行为的一条捷径，能够让人们在没有时间进行理性思考的情况下快速做出决策，比如，当面对潜在的威胁时，你必须做出快速反应，而害怕或者受惊等情绪反应能够帮助我们做到这一点。

我们的五脏六腑会在大脑边缘系统的驱动下产生巨大的波动，并且迫使人体立即做出反应。这就是我们常说的"出于本能"或"直觉"。

理智可能会让你感到困惑，但是情感却从来不会欺骗你。

——罗杰·艾伯特（Roger Ebert）

这些本能反应不受意识思维、理性或逻辑推理的制约，相

反，我们对某件事的情绪反应会在瞬间出现，这种让人不安的感觉能够提醒我们小心危险，并帮助我们远离伤害。这种由大脑边缘系统引发的冲动，也能帮助我们抓住千载难逢的好机会。

♡ **精彩案例**

　　罗兰载着家人去伦敦拜访好友。在行驶过程中她闻到了汽油的味道，并突然感到一种巨大的恐惧。她停下了车，坚持让丈夫和三个孩子立即下车。他们给紧急救援公司打电话求助。维修工很快赶来，并对汽车进行了检修。维修工后来告诉罗兰一家，他们的汽车油管破裂，只要一点火星，他们全家就会被烧成灰。这就是本能反应、直觉或者第六感，正是被这样的一种内在本能驱使，罗兰注意到汽油味，并采取了相应的行动。

让我们听从自己的直觉

　　当我们感觉某件事不对劲或者有问题的时候，凭直觉做出的反应能够让我们远离危险。那么，怎样感知自己的直觉并且识别危险的情况呢?

倾听身体发出的信号

如果一件事令你感觉不对劲,或者让你感到不安,那么情绪的身体表现往往能够给你一些提示。

比如,当你答应了一些你其实根本不想做的事情时,你会有什么感觉?你是否会感到恶心反胃,或者有压力?或许你并没有留意这些身体反应所包含的信息。但是对这些信息的忽视,会让你在判断一件事是否对自己有益时,缺失宝贵的参考信息。

从现在开始,在日常生活中关注自己的身体感受,这样你就能随时意识到身体所发出的警报。

关注内在的情绪感觉

不安或者不舒服的感觉或许就是在提醒你注意潜在的问题,提示你做出反应。你听到脑袋里的声音在说:"这不大对劲。"你还会看到这些潜在问题的画面,这都是你的直觉与你交流的方式。

当你对这些情绪和感受的意识与日俱增时,你也就更有能力接收那些更强烈和更重要的信息了。所以,请做个有心人,关注你的内在感受！

不要让自己分心

专注你的内在感受。一旦你开始注意到自己的不安情绪，就不要让其他事情分散你的注意力。倾听自己的直觉就好比在收听电台广播，你不可能同时听几个电台的播音节目，你只需要听清楚一个电台的广播就够了。

这不太合乎逻辑

你的心智和身体不停地从周围环境中获取信息，即使你并没有刻意地想要这样做。每当你觉得某件事不对劲或者不正常时，都是你的直觉在向你发出警报，提醒你注意。

当然，反过来也一样，如果某件事给你的感觉是完全合情合理的，那么你的直觉就是在发布积极和肯定的信息。

下次你需要做决定时，试一试倾听你的直觉。你不必过分紧张，只要更好地倾听自己内在的声音和直觉就可以了。请你注意观察一下，当你开始听从自己的直觉时，会发生什么？

还有，如果你注意到了自己的直觉，但是并没有那样去做，又会发生什么？

所有情绪的出现都具有明确的意图，比如，恐惧是为了保护我们。恐惧被认为是人类共有的六种基本情绪之一。另外五种基本情绪是惊讶、悲伤、厌恶、愤怒和愉悦，它们也都有各自的明确意图，以便帮助我们管理和延续人生。

- 惊讶让我们对不可预见的突发事件做出反应；
- 悲伤帮助我们适应失利之后的状态；
- 厌恶警告我们要远离某件事或某个人；
- 愤怒让我们在受到委屈之后，做出回应，进行还击；
- 愉悦使我们看重和欣赏某些人和事。

不过情绪的作用并不仅仅是帮助我们生存。情绪之所以存在，是因为情绪还具有社会价值。

情绪的社会价值

如果我们没有情感能力，比如，我们感受不到内疚、羞愧、尴尬和自豪，那么我们的人际关系和社会群体就很难被维持和发展。

正是我们所体验到的这些情绪，让我们有能力不断地对自身行为以及与他人的关系进行反思和调整。比如，信任能够让我们与他人分享和合作，而内疚感则督促我们对自己的错误行为做出调整，并寻求谅解。

当你体验到某种情绪时，你也就同时意识到，其他人已经或将会看到你的行为举止，并做出评价。你也意识到自己的行为举止会对其他人产生影响。

比如，想象一下这样一个场景。有人把简引荐给你，说："这是简！"你回答道："很高兴认识您，简。您是娜塔莉的妈妈吧？她曾经多次提到您。"简回答道："我不是娜塔莉的妈妈，我是她的姐姐。"你感到尴尬和羞愧，这种感觉可能会让你满脸通红地向简道歉。你在心里告诉自己，以后再也不能这样猜测别人的关系了！简能够感觉到你的尴尬，她尽量大事化小，她和娜塔莉都笑了起来，告诉你她们不会因此生气，这会让你多少有点安心。

这个例子让我们看到，人与人之间的情绪能够相互协调。一个人的情绪（尴尬）能够引发另一个人的另一种情绪（谅解），这使得每个人都能感到内心的平和，并维持整体的和谐。

社会情绪能够让我们感受到人与人之间的情感连接和相互依赖；感受到被接纳、被包容，并获得归属感；感受到被理解、有价值和被尊重；感受到我们被人喜欢、被爱、被崇拜、被欣赏、被肯定、被照顾和被需要；感受到被信任、被支持以及在应该被原谅的时候得到谅解。

最后，社会情绪能够让我们通过自身的行为传递这些感受，去理解、喜欢、爱、支持、关心和照顾我们身边的其他人。

创造力和自我实现

除了具有安全保障和社会价值的作用，情绪还有助于满足创造的需要。情绪能够增强、放大、拓宽或限制我们的体验，情绪还能够使我们高度专注或拓宽思路。

对大多数人而言，情绪体验和创造力之间存在着紧密联系。从本质上讲，艺术、音乐和文学都是在激发和推动人们的情绪，在创造与观众、听众和读者之间的情感联结。让我们以电影为例，想想看，电影怎样利用音乐来引发或加强悲伤、恐惧、愉悦和成功的情感。

正如情绪感受让我们能够欣赏艺术成就一样，情感也与我们的创造能力息息相关。研究表明，个体的情感体验影响个体能力的发挥。

多伦多大学的实验结果显示，积极和幸福的情绪与心情能够拓宽人的思路，提高人的创意性思维能力。

在这个实验中，被试被要求解决两种类型的问题——一种是组合单词的创意性问题，另一种是需要排除干扰信息的视觉问题。不过，在开始答题之前，被试要先收听幸福或者悲伤的音乐，并被要求联想幸福或悲伤的事件。

那些感到"幸福"的被试，在解答创意性问题时表现良好。但是他们往往更容易分心，所以在解答有干扰性信息的视觉问题时表现不佳。相反，那些感受到悲伤情绪的被试，因为能够集中注意力，所以在解答有干扰信息的视觉问题时表现良好，但在解答创意性问题时则表现欠佳。

为什么会出现这样的结果呢？这个实验表明，人类大脑中被称为"杏仁核"的区域在很大程度上影响着我们的创造力。

杏仁核能够引发恐惧和焦虑的感受。恐惧让你集中全部的注意力，仅仅关注潜在的风险，其他任何与之无关的事情都不在关注范围内，也就变得不那么重要了。于是，你的大脑屏蔽了多余的信息，也关闭了那些让你更有创意的大脑区域。

当然，这种状态对于某些情形很有帮助。比如，你将要在公司大会上做演讲，汇报你所在部门的工作表现，那么你的焦虑和紧张能使你更加集中注意力，做好充分的准备。

另外，积极情绪往往能激发创造力。当你感到开心和幸福的时候，杏仁核处于安静状态，你更有可能开阔视野和拓宽思路。这为你的想象力插上了翅膀，让你沉浸于创新和想象的世界中：想到新点子，尝试新做法，大胆探索，获得新信息并让其相互关联、连接和对比。

那么，那些饱受痛苦和挫折的艺术家们又是怎么回事呢？他们自身的痛苦不正是他们创作的灵感来源吗？我们或许可以这样解释，这些艺术家通过切身体验获得灵感——他们通过艺术作品来表达自身的感受，而不是对一切可能性、关系和想法敞开心扉，并从中得到启示。

情绪就是这样服务于你的创造性需求的。情绪能够拓宽或者局限我们的体验，帮助我们看到深度和重点。情绪能够帮助我们获得有意义、有目的和有成就的感觉。情绪让你感到自己有能力，能够帮助你做主和掌控局面，能够促使你做出选择并采取行动。

> 如果你自我感觉良好，那么你就会有充足的自信心去拓宽人生体验。

最后，情绪让你感到自尊和自信。正如前文所述，如果你自我感觉良好，那么你就会有充足的自信心，去拓宽人生体验，向世界张开双臂，积极建立关系，并作出贡献，发挥你所有的潜能！

人有可能"丧失"情绪能力吗

1848 年 9 月 13 日，25 岁的铁路工人菲尼亚斯·盖奇（Phineas Gage）在美国佛蒙特州施工时，在一次爆炸事故中不幸被一根铁棍击穿头颅——爆炸使得一根长约 1 米，直径约 3 厘米的铁棍扎入他的左侧脸颊，斜着刺穿他的头颅，最后飞落在他身后约 20 米的地方。

让人难以置信的是，菲尼亚斯活了下来。他在事故发生之后，意识清晰，也能够讲话和走路。但是他的性情大变，从一个负责任、有亲和力和有能力的人，变成了一个缺乏耐心、冲动易怒和优柔寡断的人。

菲尼亚斯的主治医生约翰·马丁·哈罗这样写道："盖奇的朋友们觉得他已经不是盖奇了，他完全不能在理性智慧与动物本能之间达到平衡，变得不可靠，满嘴粗鲁的脏话，而且表现得一点也不尊重其他同事。"

那根铁棍使盖奇大脑中左前额的很大一部分受到了损伤。盖奇的案例第一次揭示了大脑的这个特定区域与某些大脑功能的关联性，这个区域被称为"前额叶"。

现在人们发现，这部分大脑区域受到损伤的人，其行为表现也会受到影响。常见的现象是，他们不仅会失去逻辑推理和理性思维的能力，而且还会失去情感能力。这表明，情感与理智紧密相关，同时情感对理智又具有非常重要的意义。

什么是情商

至此，你在本章中了解了情绪具有相互作用的三个方面的表现：身体、行为和认知表现。你也了解了情绪的多种作用，情绪让你免于危险，帮助你做出选择和决定，发展和维系社会关系，体验创造的过程并实现个人潜能。

情绪产生于大脑的边缘系统，而智慧的想法、逻辑推理和理性思考则产生于大脑皮层。

那么，究竟什么是智慧？智慧是一种能力，是快速高效地学习、理解和周全考虑的能力，是恰当合理地吸收、消化和应用新信息的能力。

所以，情商的意义涉及情绪与想法之间的关系，也就是想法、感受和行动之间的相互联系。

情商与智商并非相互矛盾的对立面，也不是头脑与心灵之间的较量——情商是头脑与心灵的独特交集与合奏，理解这一点至关重要。

——大卫·卡鲁索（David Caruso）

情商具有两个基本原则。

第一，情商意味着对情绪的觉察，也就是说识别和理解情绪，不仅是你自己的情绪，还包括他人的情绪。

第二，情商意味着应用和管理情绪，同样不仅是你自己的情绪，还包括他人的情绪。

下面，让我们更详细地解读情商。

识别情绪

识别情绪的最基本做法，就是说出某种情绪的名字，或者描述情绪感受。不过，这需要我们观察身体感受、行为举止和认知想法三方面的表现，也就是从情绪的三个组成方面来识别情绪。观察非语言沟通模式和行为表现是其中的一部分，比如，观察一个人的面部表情、声音、语气和肢体语言等。

识别情绪还包括能够分辨出特定场合下的特定情绪，识别情绪表达的清晰程度、代表性、影响力以及合理性，并能够识别这种情绪的表达是否得体和准确。

理解情绪

理解情绪就是弄清楚情绪出现的原因和意义，这需要我们从情绪的三方面（生理、想法或行动）来明确情绪对他人的影响。

对情绪的理解，涉及对不同情绪之间的差异、转换、多样性及其强弱程度的意识，比如，能够区别愤怒与郁闷、失望与后悔等。

这种情绪能力意味着我们能够理解为什么不同的人在某些情况下会体会到某种情绪，情绪体验如何，以及这种情绪如何对社会交往产生影响。最后，理解情绪还包括知道在什么时候怎样通过语言和行为来表达情绪。

应用情绪

应用情绪的能力是一种调动情绪的能力，为思考、逻辑推理和解决问题提供帮助，并表达我们的想法、理由和解决问题的方式。这意味着我们需要利用自己的直觉，让情绪帮助我们做出选择，决定做什么或者不做什么——明确思考和行动的先后顺序。应用情绪的能力意味着我们知道怎样通过情绪与他人建立相互理解与和谐的关系。

这种能力还包括知道怎样通过情绪来创造某种心情或氛围。比如，让人感到幸福的情绪能够激发出反思、总结、创意、灵感和积极上进的意愿。悲伤的情绪也有类似的作用，比如，在葬礼上播放伤感的音乐等。

管理情绪

这涉及根据具体目标以及特定场合或
情况的需要，管理自己和他人的情绪。请
注意，管理情绪不是"控制情绪"，更不
是支配或者压抑情绪。管理情绪意味着以一定的技巧和灵活性
来处理情绪。

> 管理情绪意味着以一定的技巧和灵活性来处理情绪。

管理情绪要求我们以开放的心态接纳情绪和感受，无论是
积极的或是消极的情绪。这意味着我们知道在什么时候、以什
么方式表达情绪，什么时候需要收敛情绪，以及什么时候投入
情绪之中，什么时候从情绪中解脱出来。

情商是一个人识别和理解情绪、利用和管理情绪的
能力，是一个不断变化的能动过程，包括了四个相互影
响的方面。

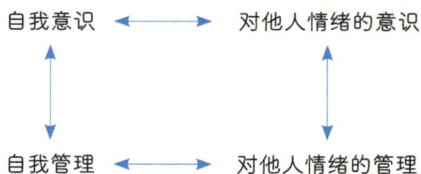

自我意识 ←——→ 对他人情绪的意识

自我管理 ←——→ 对他人情绪的管理

　　依照前面的图示，结合具体的情绪事件进行思考。你可能会想到自己的亲身经历，是一件让你感到难堪或者很难处理的事，你可能处理得不错，或者不太好。比如，想象一下一个朋友给你打电话，她因为你们上次见面时你说的话而感到不开心，她觉得你批评了她，而且口气强硬。你对于她的情绪的意识和理解会影响你对于自身情绪的意识和理解，反之亦然。而且，你的自我意识以及对于他人的意识会影响你如何管理自己和他人的情绪。

精彩总结

- 情绪具有生理和心理两个方面的特点，并且这两个方面相互作用。

- 情绪由大脑的边缘系统产生，想法则由大脑皮层产生。

- 情绪不同于心情。情绪停留的时间相对较短，有具体的产生原因，情绪通常是针对或者关于某个具体事件的。心情是较长时间的状态，没有那么具体和激烈。

- 所有的情绪都具有正向的出发点，为了满足个体的身体需要、心理意愿或社会目的而提供支持。

- 情商是一个人识别和理解情绪、利用和管理情绪的能力，是一个不断变化的能动过程，包括四个相互影响、相互作用的方面。

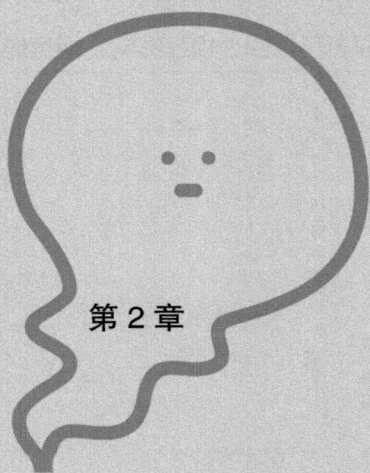

第 2 章

高情商的基本原则就是
实事求是

你的情商水平如何？如果你觉得这个问题很难回答，那么本章的情商问卷或许能够为你提供一些帮助。不过，这个问卷并非情商测试，目的也不是衡量你的情商水平，而是想让你对自己的情绪以及情绪化的场景进行一些思考。

你很可能会在自我测评时，忍不住对自己做出比实际情况更好的评价。不过，还是请你实事求是地给自己打分。高情商的一项基本原则就是实事求是。对于提高情商而言，不能真实地面对自己，可不是一个很好的起点。

> 高情商的一项基本原则就是实事求是。

这份问卷的左侧是一系列不同的生活场景，请你选择 1 ～ 10 分中的一个分值并将其填写在表格右侧。

比如，你收到了一封让你很生气的邮件，你觉得自己完全没有办法平静下来回复这封邮件，那么你可以给自己打 2 分。而如果你在看伤感电影的时候流眼泪，既没有因此感到难为情，也没有试图掩饰自己的泪水，那么你就可以给自己打 9 分或者 10 分。

表 2-1　自我意识测评

自我意识 * 识别自己的情绪 * 理解自己的情绪	难易程度评分： 1 分 = 几乎做不到 10 分 = 轻而易举
假如我在面试或考试时失利，如果有人问起，我会坦言我对此感到失望。	
我很清楚自己在被他人批评时，通常会做出什么反应。我的反应或者是反驳，或者是不接受，或者是同意，或者是感到备受打击等。	
小说读了一半，感觉很乏味，或者报名参加了一个健身课程，却发现自己不太喜欢，那么我就不会再继续下去了。	
我很清楚这几种情绪的差异：生气、郁闷、失望和后悔。	
当看到我的朋友升职，或者买了新房子，或者有一个很棒的假期时，我也想过这样的生活，我会坦言自己有点嫉妒。	
面试时，我能够向面试官说出我的优势，并举例说明我一般会怎样做，以及在什么情况下会发挥这些优势。	
总分	

表 2-2　管理自我情绪测评

管理自我情绪	难易程度评分： 1 分 = 几乎做不到 10 分 = 轻而易举
如果有人让我在众人面前感到难堪，我能够如实地表达我的感受，我会说："你的话让我觉得很尴尬，也有点伤心。"	

（续表）

管理自我情绪	难易程度评分： 1 分 = 几乎做不到 10 分 = 轻而易举
当收到一封让我很生气的邮件时，我会等自己平静下来，再回复。	
在商务会谈或朋友聚会时，即便是面对我不喜欢的人，我也可以保持彬彬有礼的态度。	
如果我在做报告或演讲之前感到紧张，我就会让自己集中精力，做更充分的准备。	
我在看伤感电影时会流眼泪，我不觉得这很难为情，也不会为此掩饰自己的泪水。	
在被他人称赞时，我可以简单地表示感谢，比如说："谢谢你！你这么说，真好。"	
总分	

表 2-3　识别和理解他人的情绪测评

识别和理解他人的情绪	难易程度评分： 1 分 = 几乎做不到 10 分 = 轻而易举
在我的朋友圈里，我一般都很清楚圈子里的每个人对彼此的感觉是怎样的。	
当我不确定某个人内心的真实感受时，我会观察他的肢体语言跟他说的话是否协调一致。	
如果我想让我的伴侣打扫卫生间，我不会马上说出来，而是等到我觉得他更有可能同意的时候再提出来。	
如果某位同事看起来不想理我，我会向她询问，我是不是做了什么令她不悦的事。	

（续表）

识别和理解他人的情绪	难易程度评分： 1 分 = 几乎做不到 10 分 = 轻而易举
我知道在我的生活里，哪些人通常会使我产生负面情绪，让我感到失望，哪些人通常表现得积极向上，让我感觉良好。	
我一般很清楚某个人是不是真的在倾听。	
总分	

表 2-4　管理他人的情绪测评

管理他人的情绪	难易程度评分： 1 分 = 几乎做不到 10 分 = 轻而易举
当我必须把坏消息告诉某人时，我知道应该说些什么，也准备好了去应对他的情绪反应。	
一个朋友承认更偏爱自己的某个孩子，他为此感到内疚。我会安慰他，并告诉他这并不可怕，是可以接受的事情。	
聚会时，我发现一位嘉宾的上衣领口处的标签还没有被剪掉，我会直接告诉他（然后继续谈一些其他的话题）。	
如果我想对某人的行为表示感谢，我不会让措辞是否恰当的担心阻碍自己表达谢意。	
在餐厅就餐时，如果有小朋友跑来跑去，大声喧哗，还撞到了我的椅子，我会平静地请餐厅经理来处理。	
如果我必须告诉一位同事他有体臭的问题，我会寻找合适的词语来跟他沟通这件事。	
总分	

你的得分意味着什么

这四份测评表中的问题，强调了情绪能力的四个方面：

- 自我意识——识别和理解自己的情绪；
- 管理自己的情绪；
- 对他人情绪的意识——识别和理解他人的情绪；
- 管理他人的情绪。

如果你在上述任一方面的得分低于 30 分，那么你就很可能在理解和管理这一方面的情绪以及遇到特定的情绪化场景时感到困难。如果你每一方面的得分都不低于 30 分，那么你的表现就不错。如果你的各方面得分都超过 50 分，那么你的表现可以说是相当出色！

再回头看一下你得分最高的那个方面，了解自己的情商优势，找到持续发展和应用自身能力的有效途径，这很重要。本书将会为你提供大量的实用方法和建议，让你继续发扬和提升现有的优势。请继续读下去，你的情商一定会越来越高！

如果你在识别和理解情绪方面的得分不高（无论是关于你自己的还是他人的情绪），那么第 4 章和第 5 章的内容就对你很有意义。假如你在管理情绪方面的能力有所欠缺（无论是面对你自己的还是他人的情绪），而你又很想提升这方面的能力，那么第 6 章和第 7 章会让你知道应该怎么做。

无论得分高低，我们都会在经历某些场景或面对某些人时，感到自己应对自如，但是也会在另一些场景下，感到自己很难识别、理解或者管理情绪。

和大多数人一样，你至少会在一两种场景下充满自信，也能够有效地应对。

这些特定场景是本书第二部分关注的重点。所以，假如你觉得自己不擅长传达不好的消息，那么第 15 章将会给你一些引导。如果你感到很难应对他人给你做出的不友好评论，或者你觉得跟不喜欢的人保持交往很困难，那么第 11 章将会告诉你，如何既能够管理好自己，也能够更好地引导他人。

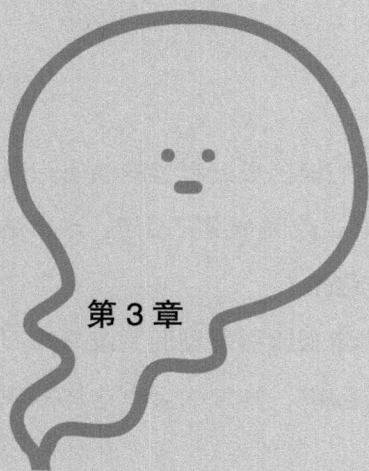

第 3 章

任何掩藏的情绪都会以
其他方式流露出来

在前几天的家庭聚会上，我们谈到最近看过的演出和电影。艾琳娜感叹道："我一看悲剧，就哭个没完没了。这真是太糟糕了，我也不知道我有什么毛病。"

她为什么会这么想？艾琳娜觉得因看悲剧而哭泣是件很"糟糕"的事，她觉得自己"有毛病"，她怎么会有这样的想法呢？

我们对情绪的看法和信念形成于人生早期。在孩童时代，我们对场景和事件的反应通常都具有强烈的情绪化色彩——孩子的情绪反应的激烈程度往往与引发情绪的原因不成比例。我们需要其他人的帮助来学习如何管理自身的情绪体验，这些人包括父母、其他家人和老师。

尽管成年人有时也会冲上去替孩子"解决"或处理问题，但是更常见的情况是，家长其实并不知道该怎样帮助孩子应对其自身的情绪。其中原因很简单——父母也缺乏情绪能力。

在我们的成长历程中会有这样的体会：某些情绪是"坏的情绪"或"错误的情绪"，因为这些情感表达会带来各种各样的负面反应。

你可能曾经因为表现出某种情绪而被责骂，甚至受到惩罚。比如，你小时候或许曾因为生气和郁闷而被罚；或者，你被自己发脾气时的那股力量吓着了。

你的情绪或许经常被他人忽视、嘲笑、否定或拒绝，而不是被理解或被允许表达。比如，你说："我讨厌那个老师！"得到的回答是："别说傻话，你怎么会恨老师呢？快穿鞋去上学吧。"或者你说："我累了！"得到的回答却是："不，你不累，去跟大家一起玩吧。"

这样的回答有可能会转移你的注意力，或者起到短暂的安慰作用，但是并不能教会你怎样管理情绪和感受。

这样的回答起到的真正作用是在我们内心深处建立起关于情绪的信念、假设和预期，也就是我们会认为某些情绪是不好的情绪，是错误的情绪。所以如果你和艾琳娜一样，那么你就会认为看悲剧电影时掉眼泪是错误的。

不过，也有一些人是在另一种家庭里长大的。在这里，公开表达情绪是很平常的事，大家相互拥抱、亲吻，有时也会哭泣，或者生气地大吼。家里人或哭或笑，每个人都敢于表达出愤怒、担心、郁闷或其他任何感受。

在人际交往中，这些不同的家庭背景很可能会导致一些问题。某些人可能会认为他人总是在过度地表达情绪。反之，另一些人则会认为那些不懂自由表达且更为约束自我的人总是在压抑情绪，过于紧张。

💙 **精彩提示**

在孩子身上，我们能够看到情绪反应是一件多么自然的事。我们可以观察孩子是怎样自然而然地生气和悲伤、快乐和兴奋的，也注意一下孩子身边的大人又是怎样处理孩子的情绪的。

每个人都可能有一些对于情绪的消极看法。不过我们能够采取一些做法，降低这些消极看法的影响力。其中最重要的做法之一就是增强自己对于这些消极看法的意识。

下面关于情绪的说法，有哪些是你认同的？

- 女性不能在工作场合哭泣，否则其他人就有可能认为这是在耍手段。
- 坚决不能承认自己的嫉妒心，否则你会失去他人的信任和尊重。
- 骄傲会带来挫折。如果你为自己的成就而过于兴奋，你就会遇到一些倒霉事。

- 遇到最近失去亲人的人，你最好不要对其提及那位逝去的亲人。

- 如果某个人对你有失公正，而你在心里偷偷地期望这个人遇到倒霉事，这是不对的。即便这个人真的遇到了什么倒霉事，你也不应该暗自窃喜。

- 看到成年人哭泣，你会感觉很尴尬。

上面的这些说法，从不同角度传达了同一个看法，也就是体验、表达或者激起情绪是错误的。所以，我们非但不能以恰当的方式管理情绪，反而还经常用不恰当和无用的做法来处理情绪。

下面是一些常见的处理情绪的无效做法。

- 切断自己与他人的联系，或者将他人拒之门外。
- 谈论问题和事实，而不是想法和感受。
- 谈话仅触及"皮毛"，不做深层次的探讨。
- 假装什么也没有发生或一笑置之，以此来逃避真实感受的表达，比如，不愿承认自己有嫉妒心等。
- 暴饮暴食、酗酒或依靠毒品来逃避情绪，解脱自己。
- 过度专注于工作。

- 强迫自己运动。

问题是，如果你认定出现某种情绪是不对的，并且努力地对这种情绪视而不见，或者抗拒（你自己或其他人的）这种情绪，那么你也就失去了获得这种情绪带给你信息的机会。

但是，从本质来讲被压抑的情绪总是会不断地冒出来。于是，你还是会意识到自己的情绪和身体感受，并对此做出反应。否认、压抑或者掩藏情感不会让情绪消失。任何被掩藏的情绪，总是会以其他方式流露出来。

> 任何被掩藏的情绪，总是会以其他方式流露出来。

被动攻击型行为（Passive Aggressive），就是情绪流露的一个明显例证。这是一种间接而不诚实的情感表达，它涉及回避型的行为模式，也就是不直接把自己的感受说出来，不告诉别人你想要做什么或者不做什么。或许，这是因为你认为直接的情绪表达是"错误的"做法。

被动攻击型行为通过讽刺挖苦、唉声叹气、闷闷不乐和其他一些方式来避免正面冲突，而不是直接说出你到底有什么感受。愤怒和失望通常被压抑着，但又会通过其他的或非语言的方式表现出来，比如，人们对他人感到不满时会采取"冷处理"或者"翻白眼"等做法。然而，这样的做法并不能让别人了解你的真实感受。

当你表现出被动攻击型行为时，你不愿表现出自我意志，说出自己的需求和感受。相反，你允许别人做主，然后你会采取一些不光明的手段，暗中操作或从中作梗来实现个人目的。你甚至可能都没有意识到自己正在采取故意操纵的行为！

而另一方面，如果被埋藏的情绪没有流露出来，它就会在那里不断地累积，随着时间的推移而成为扭曲的、被压抑的情感——悲伤能够导致抑郁，生气能够变成憎恶或怨恨。最终，被压抑的情绪爆发，会升级为愤怒，甚至暴力。

我们大多数人都曾有过这样的体验：一些看起来无关痛痒的小事突然引爆了我们或者其他人的愤怒。这肯定是一直控制或者压抑情绪的信号，最终情绪的力量还是会让我们爆发。

灵活的情绪意识有助于我们建构积极的自我

一个人的情商能否得到提高，在很大程度上取决于其是否有意愿审视自己关于情绪的信念、期望及预设，以及是否有意愿让自己的情绪意识变得更为灵活。

练习 1：写"思想日记"

你的情绪理念具有怎样的效用？它们会对你有帮助，还是会激发毫无益处的负面行为？

我们很容易落入对情绪产生负面想法的陷阱。多数情况下，我们甚至对此毫无知觉。对自己的想法产生意识的方法之一，就是把它们写下来。

反思你对事情的看法，以及你对情绪的看法所激发出的感受和行动。你的意识越清晰，你也就越能够改变那些毫无益处的信念。

重要的是，不要仅看到负面情绪，比如，烦闷、失望和内疚，也要看到让我们感觉好的情绪，比如，开心、信任和宽容，这才是现实完整的画面。如果你只留意负面情绪，你的内在自我形象将会相当扭曲和不现实。

写出自己的想法看起来有点费力，但是写作的过程能够让这个练习更有效果。这是因为，你必须思考两次：一次是在写作之前，另一次是在写作的过程中。

♡ 精彩案例

山姆的"思想日记"

这个星期，我记录了如下几件事：

- 这一周我已接连三次没去健身房了；

- 在学校开放日，我观看了 5 岁女儿的表演；

- 因为签了一份合同而得到上级的表扬；

- 发现我的家庭保险合同中没有意外伤害条款；

- 不得不通知一位同事，她考试不及格。

我因为家庭保险合同中缺乏意外伤害条款而非常生气。我之前不曾意识到，有时候我会忽视自己的情绪。比如，当我的同事内森祝贺我项目做得很成功时，我有点不好意思，因为我不想表现得自负，所以我就用一句"那没什么大不了的"回应了他。

在女儿学校的开放日，我努力地让自己保持镇定，不让其他家长看到我眼里激动的泪水。

我还发现我会因为情绪而产生情绪！当我告诉吉尔她没有通过考试时，我因为不知道怎么去安慰她而感到焦虑。不过，当我因为自己又没有去健身而内疚时，我没有让这种内疚感再次影响我的情绪，它只是让我意识到，我不应该再强迫自己去健身房了，而是应该去注销会员。我想这件事做得还不错。

记录我的想法，让我更能意识到自己对于情绪和感受的想法。

尽管你对情绪的信念和态度可能在孩童期就已形成，但是这些信念是能够被改变的。每个人都能学会以更积极和有效的方式进行思考。但是，怎样才能让更有效和更有能量的信念取代那些没用的、让人消沉的信念呢？下面我会介绍一些挑战无用信念的方法。

翻看你自己写的"思想日记"，把那些负面的想法标注出来，然后写下不一样的、更积极的想法。下表会举例说明，山姆是怎样用积极和有效的想法替代消极和无效的想法的。

表 3-1　有关"思想日记"的整理

场景	负面且无效的想法	积极且有效的想法
在学校观看5岁女儿的表演	"我要哭了，我不能让自己哭出来。"	"我很自豪。这是一个充满感性的时刻，掉眼泪也没关系。"
因为签订合约，得到同事的祝贺	"办公室里的其他人都能听到内森的话，我对此真不好意思。最好还是谦虚一点，回应他吧。"	"内森能和我说这些祝贺的话，他真好。"

（续表）

场景	负面且无效的想法	积极且有效的想法
发现我的家庭保险合同里没有意外伤害条款	"在我买这份保险的时候，他们为什么没有告诉我这一点。太气人了！"	"我很生气！我最好更改保险合同，也去检查一下其他的保险产品。或许我可以考虑换一家保险公司。"
不得不告诉一位同事，她没有通过测试。	"吉尔肯定要哭了。我会觉得不自在，还会试图让她别哭了。"	"我告诉吉尔的时候，她可能会哭。我能理解她，她付出了努力却没有通过测试，她一定会感到沮丧。"

任何一种情绪都有积极的目的。情商意味着以一种有益的方式理解情绪所激发的想法和行动，而不是因此感觉很糟糕！

怎样改变关于情绪的信念

改变你对于情绪的想法，是最能帮助你提升情绪能力的一种做法。你不需要改变情绪，而是要改变自己面对情绪时的想法。

采用新的方式进行思考，并不像你想得那么难，只要你能够不断地重复使用新的方式就行。为什么呢？这与你的大脑可塑性有关系。

"Brain Plasticity"或者"Neuroplasticity"，也就是大脑

可塑性，是人脑终生都具有的能力，它会不断地基于新的体验和新的思考方式来进行自我改变。人脑的核心组成部分是神经元，这是大脑神经系统中加工和传递信息的脑细胞。神经元细胞之间的内在关联性意味着，当我们尝试新的做法或事情时，大脑内部会形成新的神经联结，或者说新的神经回路。这就好比人们踏在一片草地上的每一步，都是在踩出一条新路来。

如果你改变了你的思维模式或行为模式，那么你的大脑就会形成新的回路。如果这些新的回路不断地被使用，它们就会得到强化和加深，并最终取代旧的思维和行为模式。那些旧的回路会不断减弱，直至慢慢消失。

那么，你应该怎样练习用不同的方式思考情绪呢？这要从改变与情绪无关的思维模式开始。

尝试打破自己的日常生活习惯，是一种颇具效果的改变思考方式的办法。

💙 精彩提示

把厨房里的垃圾桶换一个位置，或者把时钟放到房间里的另一个地方。你觉得要过多长时间，你才不会按原有的习惯去原来的位置找垃圾桶或看时钟？这个时间大概不会超过两周。所以你只需要通过两周的练习，就能形成新的思考模式或行为习惯。你只需要两周来重塑你的大脑！

有些人会非常有意识地保持思维的灵活性，这不仅体现在应对情绪时，也表现在面对方方面面的事情上。他们会在超市里选择不同的购物路线，或者选择不同的上下班路线。他们会尝试不同的作者或者音乐家的作品，或者观看不同语种的电影。我认识的一位女性每周健身一次，这对她而言是一个不小的挑战！即便只是改变或者打破很小的日常习惯，你的大脑都需要面对新的刺激和挑战，并且创造出新的神经回路来适应这种改变。

你必须选择不一样的做事方法，以便体验不一样的结果。你能够做哪些新的尝试呢？ 从今天开始，尝试在大脑中形成新的神经回路，养成改变思维方式的新习惯。

的确，改变思维方式不容易，但这并非不可实现。如果你真的有改变自己的强大动力，那么你就会更加关注改变带来的积极影响。同时，如果你关注改变的积极影响，你也就会更加投入地实现这些改变，这就是双赢的效果！

能够积极思考的人认为所有的情绪都具有积极的作用。从积极的角度看待情绪能够让你感到更能把握自己的生活，并且相信自己能够找到管理情绪、感受和行为的好方法。

还有，这样做的另一个好处是，你会发现那些所谓的"负面"情绪出现得越来越少，你也就无须再费神应对了。

所以，训练自己的大脑，让它变得更加积极正向，下面是一些极为有效的做法。

小细节，大改变

感恩之心自然包含正向思维，因为当你回想起生活中发生过的那些美好、积极的事情时，你就是在应用大脑中正向思考的回路。

> 最大的改变也是从细微之处开始的。

最小的细节能够带来最大的改变。当你开始注意到生活中的小乐趣时，无论它看起来多么微不足道，你对此的感恩之心都会油然而生。如果某一天你过得很糟糕，不要让自己停留在那些负面情绪里，而是要让自己养成发现和回顾那些细微乐趣的习惯，比如，想想天气很好，阳光灿烂，朋友发给你一段很有意思的留言，你吃了一些美食，等等。付出一些努力，用几个星期的时间来发现日常生活中的美好细节。过一段时间，它就会变成你的新习惯。通常，善于发现和欣赏积极事物的人的睡眠质量更高，因为在睡觉前，他们很少有负面想法，更愿意回顾那些积极的事情。无论当天发生了什么，他们都能够幸福地入睡。

所以，在每晚睡觉之前，回想一下当天发生的三件让你感觉美好的事情。你既可以只是在睡觉前回想一下，也可以把它们写在日记本或"朋友圈"，请持续记录生命中所有的美好回忆。

无论你怎么做，这个简单有效的方法都能够激发你的感恩之心，培养你的正向思维。

发现积极正向的人，并与之交往

在生活中，有些人是消耗能量的"下水道"，他们会让你的人生枯竭；有些人是提升能量的"电磁炉"，带给你温暖和美好的感觉。尽管我们有时很难驱逐生命中那些消耗能量的人，你还是可以发现积极正向的人，并多花些时间跟他们在一起。那些带给你能量的人，是让你开心大笑的人，是看起来阳光灿烂的人，是那些给予你鼓励的人。别忘了对这些人说一声"谢谢"，记得感谢那些让你的人生更加幸福美好的人！

帮助他人

帮助他人，向他人释放善意，能够让你形成正向思维和行动的良性循环。做一些让他人受益的事情，能够让你和其他人都感觉更好。

看到自己的成就

找出自己过去成功地管理（自己或他人的）情绪的事例并把它写下来。在今后遇到类似的情况时，用这些经历提醒自己，这能够帮助你有效地应对情绪。

使用表达力量和成功的词汇

收集积极的词语，并且经常刻意地使用这些词语，比如，"享受、满意、好、高兴、善意、幸福、开心"等。

享受生活

无论是看电影、看电视、听音乐，还是享受美食、健身、运动、感受阳光和出门旅游，我们要去发现那些让自己感到更有能量和开心愉快的事情，多做这样的事情。

接纳情绪，不要评价

要想改变对于情绪的看法，还有另一种做法，就是简单地接纳情绪。这意味着既不要试图压抑情绪，也不要用那些有压力的想法去刺激情绪更加强烈。你只需要明白，你自己或其他人的确有这种情绪感受，这种情绪已经出现了。

无论你怎么努力，都不可能埋藏情绪，或摆脱情绪。因为无论是恐惧、愤怒、悲伤等负面情绪，还是幸福、开心等正面情绪，它们都存在于你的身体内部。

一旦你在情绪出现时，更有能力接纳情绪，那么你就可以迈入提高情绪能力的下一个阶段了。

练习 2：接纳情绪

不要从"好情绪"或者"坏情绪"的角度来评价情绪，而是试着单纯地以一个旁观者的心态，去感觉和观察情绪。这不是让你完全隔离情绪，或者拒绝情绪。这种做法是让你与情绪同在，并且退后一步，客观地观察情绪。

当你感觉到情绪的强度，但是又不会被这种情绪的强度所吞没时，就是全神贯注地观察情绪的好时机。

首先，识别你正在体验的是哪一种情绪。停止任何其他的事情，关注你的身体感受，倾听自己内在的想法。看看你能否说出这种情绪的名字，悲伤、嫉妒，还是羞愧？如果你听到心里有一个声音在说："这太不公平了！"那么在你开始全神贯注地感受自己的身体之后，你可能就会听到另一个声音在说："嗯，我正在感受嫉妒和怨恨。"

看到情绪的本色，不作评价，也不清除它。情绪有大小和形状吗？是什么颜色？

一旦你做到了这一点，请再花一点时间，回顾一下你的体验。想一想你的情绪反应有什么变化？一旦你能够让自己与情绪保持一定的距离时，你的情绪感受是不是就有些不一样？

也可能没什么不一样。那么，在接下来的几周里，每天继续坚持做这样的练习。你不用花费太多的时间。两周之后，再看看你对于情绪的想法是不是有变化。刚开始做这个练习时，你可能会觉得有点奇怪。不过人们总会发现，用这样的方式来观察自己的情绪和感受时，情绪会被当作独立存在的个体，自己会为此变得轻松。这个方法也能够有效地让你看到自己的这种想法："如果我不尽快把这种情绪从脑子里赶出去，我就会失控。"

精彩总结

- 一个人关于情绪的看法和信念，形成于其童年早期。

- 如果你的人生经历让你相信，某些情绪是错误的，并且你试图忽视或否认这些情绪的存在，那么你也就错失了了解情绪中所包含的信息的机会。

- 否认、压抑和掩藏情绪，并不能消除情绪。相反，被掩藏的情绪早晚会以其他方式流露出来。

- 看待情绪，你可以选择用更有益和更有活力的想法，去取代那些毫无益处的信念。按照本章的练习、提示和技巧去实践，将会帮助你改变固有的思维模式。

- 积极地看待情绪，能够让你对生活更有掌控感，并且相信自己总是能够找到管理情绪、感受和行为的好方法。

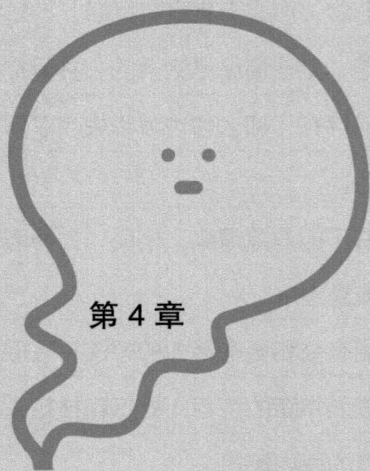

第 4 章

情绪需求不同决定行为不同

我们能够从一个人的脸上读出很多信息，不仅是他们的性别和年龄，还有他的心情和感受。

人们发现不同文化背景下的人都共有六种基本情绪，即恐惧、悲伤、愉悦、厌恶、惊讶和愤怒。尽管文化差异显著，但人们对于这六种基本情绪的表达和解读几乎是一致的，世界各地的人们都在使用相同的方式表达情感：生气的时候皱眉，开心的时候微笑。

请不要忘记，情绪的出现本身就具有积极的意义。举个例子，假如你无法意识到恐惧这种情绪，那么你就会让自己在面对潜在的危险时毫无防备。相反，当你能够做出恰当的反应时，无论是惊呆、逃跑还是直面造成恐惧的原因，你都更有可能保护自己。

所以，尽管恐惧不是一种让人愉快的情绪，但是它的确具有存在的必要性。同悲伤、愉悦、厌恶、惊讶和愤怒等另外五种基本情绪一样，恐惧也是一种清晰且带有明显的可识别信号的情绪。

不过更常见的情况是，我们经常感受到的情绪是不清晰的且让人困惑的。比如，你可能也有过这样的感觉，"我感觉糟糕透了！"糟糕透了并不是一种情绪，但是这或许是你能想到的对这种感觉的最贴切的表达了。

在不知道自己的感受到底是什么时，情绪会让人觉得难以捉摸和不可把控。另外，能够更为清晰地识别情绪，有助于你更方便地理解、介入和管理感受和行为。尽管这是实践的结果，但是无论你何时开始学习识别和理解情绪，都不算晚。

请不要忘记：看似微不足道的情绪是人生最伟大的指南。我们遵从情绪的指挥，尽管我们对此毫无知觉。

——文森特·梵·高（Vincent Van Gogh）

让我们从最简单的情绪词汇表开始学习。这份词汇表没有包含所有的情绪，这只是为了让你清晰地意识到情绪的多样性。

表 4-1　情绪词汇表

喜爱	飘飘然	悲惨
愤怒	兴奋	惊恐
痛苦	恐惧	激情

（续表）

烦恼	郁闷	愉悦
焦虑	感恩	自豪
暮气沉沉	哀痛	暴怒
敬畏	内疚	后悔
无聊	幸福	悔恨
鄙视	仇恨	悲伤
好奇	希望	满足
渴望	恐怖	羞愧
绝望	敌意	惊吓
失望	伤心	苦涩
厌恶	歇斯底里	伤感
畏忌	麻木	受苦
狂喜	快乐	惊奇
尴尬	厌恶至极	恐惧
嫉妒	爱	奇迹
担忧		

　　情绪有很多种，表达情绪的词汇也有很多。一个人知道的情绪词汇越多，就越能够用语言，而不是用动作来抒发情感。

　　比如，你希望或预期某件事会发生，但是未能如愿，那么哪个情绪词能够表达这种不高兴的感觉呢？失望。失望跟后悔有什么区别？后悔关注的是选择的错误，因为这个选择带来了不好的结果；而失望则更为关注结果本身。

你通常使用哪些词语描述你的感受？通过字典或网络查一

> 不同的人对于同一个情绪词的理解可能有所不同。

下这些词语的含义，你同意这些词的定义吗？当你使用这些词语表达自己的情感时，它们是否准确地表达了你的感受？

我们还需要意识到，某一情绪词的含义对于不同的人而言，可能是不一样的。比如，幸福对于大多数人而言，意味着轻松愉快；但是也有一些人认为，幸福意味着没有压力和心无杂念；而对于另外一些人来讲，幸福则意味着平静和安宁。

💙 精彩提示

- 如果你有孩子，或者你的工作跟孩子有关，那么请让孩子学习能够表达情绪的词语。从最基本的情绪词开始，比如，生气、悲伤、快乐、害怕，然后学习更为复杂的情绪词，比如，孤独、兴奋、郁闷和感激。

- 你可以练习使用一些自己不经常使用的情绪词，比如，如果你很少提到自己的嫉妒心，那么就在与之相关的对话中，主动描述你曾有过的嫉妒情绪。

- "猜情绪"是一个大人小孩都可以玩的游戏，能够让我们接触并了解更多的情绪。首先，在每一张小纸条上写下一个情绪词，然后把这些纸条放到一个大碗里。游戏开始的时候，一个人从大碗里拿一张纸条，然后通过表情、手势和肢体动作来表达纸条上所写的情绪，其他人必须正确地猜出情绪，即说出那个情绪词。这个游戏让每个人都学会了如何对情感更有意识，如何更好地阅读他人的情绪。如果孩子可以通过观察他人的身体和面部表情而对他人的感受有意识，那么这种能力将使他们受益终身。

识别和接纳自己的情绪感受

请别人帮忙、求职失败、看到他人实现梦想或者得到你很想要的东西，这些情况都会不可避免地引发情绪。

请留意你在面对这些情况时，有什么样的感受？是焦虑、沮丧、伤心还是嫉妒？

不要害怕识别和接纳自己的情绪感受。情绪并不能代表你，情绪只是暂时出现的内在信息，帮助你理解自己的动机和行为。

如果你的情绪是对他人的行为或行动做出的反应，那么就不要说："你让我感到……"而是说："我感到……"比如，

"你让我很生气"是在指责他人,指责他人的行为带给自己当下的感受;而"我感到很生气"则是在为自己的情绪负责任。换一种方式表达自己的情绪,成为情绪的主人,这种做法非常有力量,它能够让我们看到,有情绪其实是一件很正常的事。

请你根据下面的例子,修改后面的那四句话。你会怎样修改这些句子?

例句:

"你让我很尴尬"可以改为:"我感到很尴尬";

"你这样做不诚实"可以改为:"我感觉自己受到了欺骗"。

练习:

1. "你会开车吗?这么笨手笨脚的"可以改为:"我感到……"

2. "你撒谎"可以改为:"我感到……"

3. "你让我很失望"可以改为:"我感到……"

4. "你让我感到自己毫无价值"可以改为:"我感到……"

意识到自己的感受,而不是因为自己有情绪去抱怨别人,这能够让你为自己的情绪负责,并管理自己的情绪。

情感需求与生理需求一样重要

正如你能够识别情绪，为自己的情绪负责任一样，你也能够识别情感需求，为自己的情感需求负责任。人类天生具有基本的生理和情感需求。基本的生理需求包括食物、水、睡眠、温暖和居所。基本的情感需求则包括：

- 感到安全和平安；
- 自主权、有掌控感、能够做决定并按照自己的决定行事；
- 自尊和充足的自信；
- 感到有意义、有目的和有成就，感到自己有能力，能够胜任某事，感到有挑战和有创造力；
- 感到自己被理解、被看重和被尊敬，感到自己被人喜爱、热爱、钦佩、欣赏、认可、照顾和需要，感到自己被信任和被支持，并且在需要的时候被谅解。
- 感到一种精神层面的联结——与超越人类的崇高精神的联结。

我们每个人都有情感需求，只是具体内容因人而异，这就好比有些人需要水和食物，而有些人则更需要睡眠一样。

♡ 精彩案例：识别情感需求

不要因为自己未被满足的情感需求而责备他人。识别自身的情感需求能够帮助你承担满足这些需求的责任。

比如，当我感到孤独时，我的情感需求是与他人发生联系。

请你把下面的句子写完整：

当我感到无聊时，我的情感需求是……

当我感到内疚时，我的情感需求是……

当我感到不确定或不肯定时，我的情感需求是……

慢慢来

一旦情绪冒出来，先识别它们，弄清楚自己的感受。如果你不能确定自己的感受，又该怎么办呢？不要慌！在很多不同的场景下，你要么想不清楚自己到底有什么样的感受，要么就是被自己的情感冲昏了头脑，这种情况并不少见。

给自己一点时间去想一想。慢慢地调动自己的大脑思考，意识到你对于某一特定场景会有何感受，有助于你以更有情商智慧的方式做出回应。

❤️ **精彩提示**

你可以通过阅读小说、人物传记或自传，观赏戏剧表演和电视剧等方式，培养自己识别情绪的能力。将书中或剧中人物的反应和出发点与你自己的反应和出发点进行对比，这样做不是为了评价对错，而是为了提高你识别情绪的意识，以及追溯这些情绪的源头的意识。

如果某个角色很让人费解或压抑，那么你觉得这个角色的行为和想法背后隐藏着什么样的情绪呢？

更进一步，你可以观看辩论或新闻采访等节目，试着明确那些强调了人们的信念、期望和观点的情绪。

请特别注意沟通中的肢体语言：那些与情绪相关的手势、面部表情、声调和语气等（第 5 章将继续探讨这一点）。

理解情绪："我想要的""我不想要的""我得到的""我得不到的"情绪视角

现实生活中只有两种情绪：让人感觉好的情绪和让人感觉不好的情绪。

——西西里亚·佛里斯（Cecilia d'Felice）

为了清晰地分析和理解情绪，心理学家和研究人员对情绪进行了分类。不过，目前仍没有一种统一的情绪分类方法，学者们甚至无法在哪些情绪是基本情绪这个问题上达成一致。

有些学者认为，最基本的情绪仅有两种：幸福和恐惧，前一种令人渴望和充满喜悦，后一种则令人不如意、不愉快并带来痛苦。而其他情绪都源于这两种情绪。

比如，焦虑、内疚、愤怒、悲伤和羞愧都是基于恐惧的情绪；信任、热情、坦诚和满足感则是基于幸福的情绪。

我们也可以从想要和不想要这个角度来看待情绪。心有

> 我们也可以从想要和不想要这个角度来看待情绪。

所想时，我们会产生某些情绪；想要却得不到，我们就会产生另外一些情绪。而一旦心想事成，我们又会产生一些情绪。

- 与"我想要的"有关的情绪：希望、期待、渴望、嫉妒、贪婪。
- 与"我不想要的"有关的情绪：害怕、焦虑、羞愧、厌恶。
- 与"我得到的"有关的情绪：幸福、骄傲、内疚、嫉妒。
- 与"我得不到的"有关的情绪：悲伤、苦恼、愤怒。

另一种看待情绪的角度是我们对于过去或现在及未来的评

价，情绪能够反映出正面或负面的评价。

表 4-2　对于过去或现在及未来的评价

	过去或现在	未来
正面评价	幸福、感恩、释怀	希望、乐观、兴奋
负面评价	内疚、后悔、难堪	焦虑、恐惧、仇恨

所以，幸福感是一个广义的情绪概念。当我们意识到某件让人愉快和积极正向的事已经发生或正在发生时，就会产生幸福感。感恩则是一种更加具体的情绪，它是对于已发生的美好事件的回应，比如，某人曾向你提供过帮助。

希望这种情绪涉及未来，它让我们觉得好事可能会发生。兴奋的情绪会在我们等待某件一定会发生的事情时出现。

焦虑也是一种广义的情绪概念。当我们预感到不太好的事情会发生时，就会感到焦虑。反之，仇恨则是一种更为具体地聚焦于某件事的情绪。

当你意识到自己的所作所为是错误的时候，无论这些行为是发生在从前还是现在，你都会产生一种带有羞愧的内疚感。后悔这种情绪则更加关注过去。与内疚感不同的是，后悔不会带来价值评价。

上面的这些解释让我们看到，不同的情绪会以某种方式相互纠结和缠绕；它们相互关联，并且可以被归类。

在心理学家帕洛特（W. Gerrod Parrott）教授撰写的《社会心理学中的情绪》（*Emotions in Social Psychology*）一书中，提出了一种对情绪进行分类的方法，这种方法清晰地表达了情绪之间的关联性。帕洛特的情绪列表和分类方法考虑了情绪之间的关系及其内在关联的特点，而不是独立看待每一种情绪。他提出，人类有 6 种基本情绪，25 种二级情绪，以及 134 种三级情绪，共计 165 种情绪（表 4-3）。

表 4-3　帕洛特的情绪列表

基本情绪	二级情绪	三级情绪
爱	喜爱	爱慕、喜爱、热爱、溺爱、喜欢、吸引力、关心、亲切、同情、多愁善感
	贪求	激励、向往、贪求、激情、痴情
爱	渴望	渴望
愉悦	欢乐	乐趣、欣喜若狂、欢乐、快活、兴高采烈、欢欣、愉快、快乐、欣喜、享乐、高兴、幸福、欢呼、得意扬扬、满足、狂喜、精神愉快
	热情	兴致勃勃、热心、热情、兴奋、激动不已
	满足	满足、享受
	骄傲	骄傲、成就感
	乐观	满腔热忱、希望、乐观
	沉迷	沉迷、心醉神往
	安心	安心
惊讶	惊讶	惊异、惊奇、惊愕

（续表）

基本情绪	二级情绪	三级情绪
愤怒	气恼	激怒、气恼、不安、麻烦、不高兴、心烦意乱
	恼怒	恼怒、郁闷
	发脾气	愤怒、发脾气、愤慨、狂怒、怒火冲天、充满敌意、凶恶、怨恨、仇恨、厌恶、轻蔑、恶心、仇恨、不喜欢、愤恨
	厌恶	厌恶、反感、鄙视
	忌妒	忌妒、羡慕
	烦恼	烦恼
悲伤	痛苦	悲痛、苦涩、伤心、痛苦
	悲伤	压抑、绝望、毫无希望、意气消沉、闷闷不乐、悲伤、不幸福、伤感、酸楚、不幸、悲惨、忧郁
	失望	沮丧、失望、不满意
	羞愧	内疚、羞愧、后悔、自责
	忽视	疏远、孤立、忽视、孤独、抛弃、想家、挫败、灰心、心神不定、尴尬、耻辱、羞耻
悲伤	同情	可怜、同情
恐惧	恐怖	警觉、震惊、恐惧、吓了一跳、恐怖、恐慌、歇斯底里、窘迫
	神经质	焦虑、神经质、紧张、局促、忧惧、担忧、发愁、惧怕

例如，帕洛特认为，内疚和失望这两种情绪均来自于"悲伤"这种基本情绪。他指出，如果我们都一致同意，悲伤的特点是感到失去某种东西和得不到帮助，那么产生内疚感和失望情绪的根本原因，就是感到失去某种东西和无助。

这种看待情绪的方式，首先，有助于我们更深刻地理解在第二和第三级情绪背后的基本情绪。其次，它也让我们发现，一种基本情绪有可能会给我们带来多种二级和三级情绪。

通常，我们会先注意到最表面的情绪，也就是三级情绪。基本情绪往往更强烈，埋藏得更深。比如，当你因为自己做的某件事而感到窘迫时，你通常不会意识到这种情绪源自恐惧。

根据帕洛特对于情绪关联性的解释，这种隐藏在窘迫情绪背后的恐惧感，既可能是因为被人讥讽而感受到的恐惧，也可能是因为被人排斥而感受到的恐惧。

帕洛特还把二级情绪中的"忌妒"，与基本情绪中的"愤怒"和三级情绪中"羡慕"联系在一起。愤怒可以被看成因为对于某件重要的事情缺乏掌控或缺乏力量而引发的情绪。忌妒与羡慕略有不同，忌妒涉及第三者，并且包含一种丧失的感觉。羡慕总是与潜在利益有关。如果其他人实现了你想要实现的心愿，或者得到了你没有得到的事物，这都会让你感到自己没有控制力，缺乏力量。

当然，所有这些情绪都可能与其他情绪混一起，在你或他人的心里产生一种完全独一无二的感受和反应。

普拉切克的"情绪轮"理论

根据情绪的关联性对情绪进行分类的另一种方式，是罗伯特·普拉切克（Robert Plutchik）的情绪轮理论。它包括 8 种基本情绪和 8 种高级情绪，每一种高级情绪都由两种基本情绪组成。

普拉切克的想法类似于颜色光谱轮盘，正如基本原色混合后会形成其他颜色一样，基本情绪组合后也会形成人类完整的情绪"光谱"。例如，由愤怒与厌恶形成的混合感受是藐视，由愉悦和希望形成的混合感受就是乐观。

每一种情绪由于强烈程度的变化，又可以细分出从微弱到强烈的不同感受。比如：

- 高兴具有从平静到狂喜的变化；
- 信任具有从接纳到钦佩的变化；
- 恐惧具有从顾虑到恐怖的变化。

普拉切克还指出，我们可以通过某种情绪的对立面来理解这种情绪：

- 惊奇对应预期；
- 悲伤对应快乐；

- 信任对应厌恶；

- 恐惧对应愤怒。

练习 3：理解情绪，寻找关联性

在过去的一两周里，你在他人身上感受到或看到了怎样的情绪？帕洛特的情绪分类方法是否让你对情绪的出发点、行动和行为有了更加清晰的认识？在怎样的背景下，二级和三级情绪又以怎样的方式引发了基本情绪？追溯基本情绪是否能够解释一个人的行为、出发点或反应？

你怎样看待普拉切克的情绪轮理论？对你而言，伤心和惊奇是否会产生否定的情绪？而快乐加信任是否就是爱的感觉呢？还有其他的那些组合，你是否赞同呢？

所以，尽管没有一种统一的、决定性的情绪分类方法，但所有这些分类法都有助于我们识别和理解已知的情绪，它们如何相互联系又相互区别。

文化差异使人们对情绪的理解不同

世界各地的人都认为情绪是令人"愉快的"或者令人"不愉快的"，人们对于基本情绪的体验也都一样，比如，恐惧是令人不愉快的情绪，而快乐总是愉快的和令人渴望的情绪。不过，人们对于其他情绪的体验、做出的反应以及他人对于这些情绪的接收和理解的方式，则会因文化的不同而大相径庭。这一切都取决于人们认为这些情绪是有助于还是有损于实现自己和他人的目标和幸福感。

为什么会这样呢？文化通常被区分为集体文化和个体文化两类。以西欧各国和美国为代表的个人文化，鼓励和推崇个人奋斗和个体成就。而集体主义文化，如日本和韩国，则强调和重视家庭、社区以及团队表现。

在个体文化中，人们把自己看作与他人相分离的、具有独立身份的个体。在个体文化的社会中，情绪被看作一个人的独特体验。因此，人们对情绪的看法是，每一个人都会有不同于他人的个人情感世界，并且会对同样的事件做出不同的反应。

相反，在集体文化中，情绪反映的是外部环境，而非一个人的内心世界。所以，人们认为情绪具有客观性，也就是说，在特定的社会情境中，每一个人都应该体验到相同的情绪。

在个体文化中，情绪对个人内心状态的积极或消极影响是人们关注的重点。但是，在集体文化中，人们关注的是情绪对于诸如是否符合社会规范、履行个人职责等外在事物的体现程度。

因此，相同的场景在集体文化和个体文化中能够引起不同的反响。

💙 **精彩案例**

2003 年，有人在荷兰（个体文化）和菲律宾（集体文化）进行了关于羞愧情绪的研究。羞愧意味着一个人意识到自身行为的不检点或者不恰当。这项调查研究了这两个国家的营销人员如何体验羞愧情绪，以及如何做出回应。

研究者发现，尽管处于两种不同的文化，但人们对于羞愧的体验都一样——这是让人感到痛苦和难为情的情绪。但是，他们在感到羞愧之后所采取的行动却完全不同。

人们看到荷兰营销人员在体验到羞愧之后，随之而来的是销售额下降，沟通及人际交往能力变得更差。这或许是因为荷兰人会向内看和从自身寻找原因，并出于自我保护的目的而内敛。

而菲律宾的销售人员体验到的羞愧情绪则导致了相反的结果：更好的销售业绩、沟通力和人际关系能力。菲律宾营销人员的关注点是重建关系和提升业绩。在集体文化中，羞愧意味着社会和谐被破坏，而重新恢复和谐的责任在个人。

究竟是什么影响了你的情绪变化呢？是一件事对于你的影响，还是这件事对于你的家庭、朋友或同事等你的圈子的影响？比如，如果工作成就是由团队合作而取得的，那么团队的每一个成员都会因为共享努力和成果而感到骄傲。但是，如果工作成就是由一个人单独取得的，那么这个人很可能会因此沾沾自喜。

精彩总结

- 识别恐惧、愤怒、悲伤、厌恶、惊讶和愉悦这些基本情绪并不难。但是，还有其他很多不易被识别或理解的情绪。
- 在词典中查阅情绪词汇的定义。当你使用这些词语来描述感受的时候，它们真的能够准确地表达你的感受吗？
- 遇到事情的时候，用一分钟的时间，调动你的大脑，辨别你当下的感受。这能够让你以一种更具有情商的方式做出回应。

- 接纳自己的情绪和情感需求，并为自己的情绪和情感需求负责任。这是允许并接纳自己当下的情绪的一个有效途径。

- 意识到情绪之间的关联和关系，这将有助于你更加清晰地理解情绪。

- 除了这六种基本情绪以外，人们体验情绪的方式、情绪所引发的行为，以及他人如何解读某种情绪的方式，在不同的文化中各不相同。

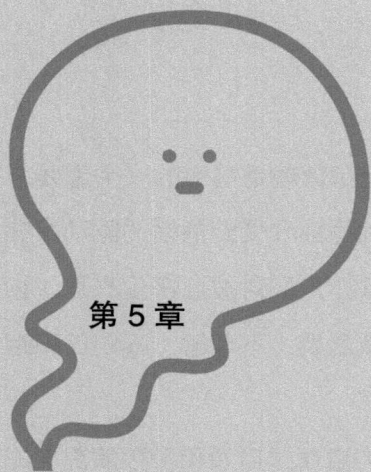

第 5 章

非语言的情绪表达更能
反映真相

对非语言沟通的认识、应用和管理是情商的一个重要方面。面部表情、姿势和身体接触等都会受到情绪的驱动。在人际交往中，非语言信息既能够让人们对彼此产生兴趣、相互信任和感同身受，也能够造成恐惧、不理解、不信任和距离感。

> 非语言沟通是一种自然而然的表达方式，它展现出你的真实感受和意图。

非语言沟通通过自然和多数情况下无意识的语言，展示出你在某一特定时刻的真实情感与意图，也会为你提供关于他人的感受和行为的线索。因此，如果想要提升情商，请务必多留意非语言行为。

非语言沟通的意识能力有助于提高情商。这是因为非语言信息能够帮助你：

- 更容易识别不同的情绪，更有可能知道他人的感受，比如，焦虑、无聊、尴尬或高兴等，这比单纯地听别人说的话语更有效果；

- 发现一个人所说的话与真实想法和感受之间的差异；
- 向别人表达你对他们的理解、关注和关心；
- 让你知道自己说的话和内心的感受是一致的。
- 应对一些棘手的情况时，你可以通过肢体语言表示支持或缓和气氛。

非语言沟通的源头在哪里

非语言沟通产生于人脑中最原始的部分，也就是大脑边缘系统。这片大脑区域自发而诚实地对其他人物、事件以及周围世界做出回应。情绪也是从这里跳出来的。那些没有经过理性思考或推敲的情绪会自动出现在这片大脑区域。

边缘反应，或者说情绪反应，是人类大脑系统的组成部分，这使得它们很难被控制——不信，你就试试在自己想笑的时候，让自己不要笑。

大脑皮层负责思考、记忆和推理，正是这个大脑区域赋予了人类对自己和他人的情绪、意图和行为进行思考和理解的能力。

语言交流通常是有意识和有目的的，所以我们需要调动大脑皮层来构思、控制并使用语言表达思想、感受、想法和观点。

相反，非语言交流大多是无意识和无目的的。因而，正如语言是沟通理性思维的媒介一样，非语言是情感交流的桥梁。

由于你通常意识不到自己在以非语言的方式传递大量信息，所以非语言信息往往能够比语言更加真实地显露出你的想法、感觉和情绪。当你与他人交往时，你也会下意识地解读或者领悟他们发出的非语言信息（直觉的产生实际上就是这个下意识的反应过程，我们会注意到非语言信息，并对此做出直觉反应，请参考第 1 章的相关内容）。

所有非语言交流都会通过听、看、动和回应来表达。手势、坐姿、语速、音调、与他人之间的距离以及眼神的交流，这一切都在向外界传递着关于我们内在感受的明确信息。

任何情绪，如果是真诚而发自内心的，则必定是下意识和不由自主的。

——马克·吐温（Mark Twain）

7%-38%-55% 定律

是否经常有人这样告诉你，实现沟通，55% 依靠的是肢体语言，38% 是语气，还有 7% 才是语言文字？事实上，这种说法并不完全准确。

这些数据出自于艾伯特·梅拉比安教授（Albert Mehrabian）的著作，但是他其实并没有提出这种以偏概全的论点，他的原话是："这些百分比仅适用于情感交流，肯定不具有普遍性（不适用于一般的人际沟通 ）。"

如此看来，只有涉及情感的交流才是由 7% 的话语，38% 的语气和 55% 的肢体语言所构成的。这意味着，人们在进行情感交流时，其中 93% 的信息是通过非语言方式表达的。

为什么非语言沟通很重要

一方面，当你的肢体语言与你的话语相互呼应时，它能够增强信任和理解。但是另一方面，有时候你的话语和肢体语言所表达的意思完全是两码事。面对这样模棱两可的信息，人们要么（像梅拉比安教授说的那样）把注意力集中在你的肢体语言上，要么会由于相互矛盾的信息而感到困惑且产生疑虑。

♡ 精彩案例

圣吉夫和内奥米都是语言表达能力很强的人，但是他们的非语言表达和理解能力却拖了后腿。

圣吉夫在开会时会表现得非常热情和投入。他会注意倾听别人的想法和观点，也经常提出很不错的建议。但是，同事们却不愿跟他进行一对一的交流。为什么呢？他们说这是因为圣吉夫"有点过分"。他的同事阿比说："他会站得离你很近，而且死死地盯着你的眼睛。他还会不停地碰你的胳膊，可是如果我退后一步，他就会向前一步，结果他还是离我很近。"

内奥米的工作表现常得到好评。她经验丰富，工作效率高，做起事来得心应手。但是，她身上总有一种紧张的味道——双肩高耸，眉毛上扬，身体紧绷，声音尖促。在内奥米的身边，人们常常会感到不自在和不舒服。

尽管内奥米和圣吉夫都很想与他人建立关系，但是却很难做到。他们两个人都缺乏对于非语言沟通的意识：首先，他们意识不到自身的非语言沟通对于他人的影响；其次，他们意识不到其他人通过肢体语言所做出的反应。

为了提高沟通效率，避免个人生活与工作中的误会，并享有良好的人际关系，每一个人都应该懂得怎样应用非语言沟通，以及怎样理解他人发出的非语言信号，这确实很重要。

阅读下面的句子，你认为哪些是正确的说法？哪些是错误的？

- 翻白眼代表恼怒。
- 如果你看到一个人在咬嘴唇，那么他／她正在生气或感到紧张。
- 紧闭着嘴唇微笑表示对方不喜欢你或不信任你。
- 下巴上扬代表勇气。

解读：尽管这些肢体动作能够展现出特定的感受与情绪，但是肢体语言的奥妙程度远远超出你的想象。比如，咬嘴唇的人可能是在生气或者感到紧张，但也有可能只是在全神贯注地工作。一个人收紧下巴挺身站立，可能是在表达勇气，也可能是在表达自豪或者蔑视。

非语言沟通和肢体语言的类型

非语言沟通通常会支持、缓和或强调（依赖语音的）语言沟通。当然，它也可以（无须依赖语音）独立地表达态度、情绪和感受。

非语言沟通扮演着如下几种角色。

- **支持**：非语言沟通可以对语言信息进行补充。当我们安慰他人时，如果一边说出关心的话语，一边轻轻地抚摸对方的手臂，那么这个动作就能够增加对对方的影响力。

- **强调**：非语言沟通能够突出某一句话或某一个信息。比如，在提出紧急问题时敲桌子，能够引起他人的注意。

- **缓和**：非语言沟通能够降低语言的冲击力或严重程度。比如，如果你想让别人知道，你只是不喜欢某件事，而并非他们的错，那么你就可以笑着说。

- **抵消**：非语言沟通能够否定一个人正在表达的信息。比如，当某人在讲一件很严肃的事情时，挤眼睛这样的动作就显示出他并非那么严肃。

- **取代**：非语言沟通能够取代语言信息。比如，用做鬼脸来表示不喜欢或者厌恶。

人们通过不同的非语言沟通来交流。让我们对此做一些说明，以便你能够理解和应用这些非语言符号和信号，更好地提高情绪能力。

面部表情：眼睛和嘴巴

即使我们不说话，我们的面部也能够表达数不清的情绪和感受。人们随时能够从一个人的面部表情里读出恐惧、愤怒、厌恶、快乐、惊奇和悲伤。大多数人也都能准确地区分不同情绪在面部表情上的差异，比如，气恼与担忧、蔑视与歉意等。

我们在目光对视（或者缺乏目光对视）的瞬间就有了信息交流。无论是挑衅和蔑视的直视、胆怯的一瞥、充满爱意的凝视，还是呆滞的目光，这些通常都足以让你在听到第一句话之前，就已经知道等待你的是什么了。

嘴巴是一个非常灵活和富有表现力的面部器官，在许多面部表情中扮演着核心角色。嘴角朝上或是朝下，能够表现出不同的情绪。微笑算是最直白的非语言表达之一了，但同样可以有不同的解释，比如，微笑可能是真诚的，但也可能包含着嘲弄、怀疑或者讽刺。

练习 4：读懂面部表情

在看戏剧、连续剧或者电影时，关掉声音，练习阅读和理解面部表情的能力。因为你不会受到声音的干扰，所以这就是一个解读情绪、态度和感受的好办法。剧中人物的面部表情在告诉你什么样的信息？

做这个练习有助于你提高对情绪的理解能力，不仅是对于个体的心态和感受的理解能力，还会提高你对于不同人群之间的人际互动的理解能力。

头部

一个人的头部能够转动，向前探头和再收回来，向侧面、前面和后面弯曲。所有这些动作都能够在情绪表达中起作用，比如，表示喜欢与不喜欢、肯定、自信、同意与不同意等。

手势

手势可能是最直接和最明显的非语言沟通方式之一。一个人会不假思索地挥动手臂、指指点点和招手示意，我们用手势表达自我，其中不依赖语言表达的手势可以代替语言并具有直白的语言含义，而依赖语言表达的手势则在说话的同时被使用。

大多数不依赖语言表达的手势都具有与文化背景相关的特定含义，这些含义包括从赞扬到攻击等很多方面。比如，竖起大拇指或者用食指和中指做出的表示和平的手势，这很可能在不同的文化中具有不同的含义。再比如，英国人将食指朝上并勾向自己，这是一种召唤他人的手势，以此向他人表示"到我这里来"；然而，在远东地区，这种手势被认为非常不礼貌，因为它经常被用来召唤小狗！

依赖语言表达的手势被人们在讲话时不自觉地应用，并对口语表达起到支持或者强调的作用。比如，说话者在提及某人或某件物品时，同时朝着被提及的人或物的方向点一下头。

姿态

一个人摆出的姿态，坐姿、站姿和走路的样子，身体的朝向、倾斜的方向以及手臂摆放的位置等，都能够传递大量关于情绪的信息，表现出一个人对于他人或情况的感受。

开放而舒展的身体，也就是开放的姿态，通常意味着一个人感到放松、平静、自信、投入且容易接近。

被遮盖或隐藏的身体，也就是封闭的姿态，表现为上身向内蜷缩着，手臂在胸前交叉，两腿交叉。这种姿势或许显示出更多的敌对、紧张或痛苦的负面情绪。

触觉交流

触觉交流指的是通过"身体接触"进行的非语言沟通。大量的日常交流是通过"身体接触"发生的。这种非语言沟通方式能够透露意向或情绪。比如，绵软无力地握手（让人感到不可信），热情地拥抱（让人感到温暖），轻拍后背以示安慰（让人感到被支持），为了引起注意而轻轻地拍一下别人的脑袋（让人抬头看到自己），或者紧握对方的手臂（让人感到被控制）。每一种触碰都代表着不同的心态或情绪。

身体接触所表达的意义和意图，在很大程度上取决于一件事的场景、人际关系以及社会文化所能够接受的程度。

空间距离

这一术语指的是人际互动中人与人之间的物理距离。假如你曾在与他人谈话时，因为对方站得离你太近，让你感到个人空间被侵犯而有不舒服的感觉，那么你就会明白个人空间对于人际交往的影响。

正如手势、姿态和触碰等能够传递大量的非语言信息一样，人与人之间的物理空间也能够传递各种各样的非语言信息，包括攻击、控制或喜爱。

人与人之间所需的空间和距离因情境、性格特点、亲密程度而不同，同时也取决于社会与文化的接纳程度。

下面让我们来看看被英国人普遍遵守和使用的四个典型的个人空间领域：公众领域、社交领域、个人领域以及亲密关系中的个人空间。

- **亲密的距离**：15 ～ 45 厘米。这种距离通常象征着一种亲密而舒适的关系，常出现在亲密接触中，比如，拥抱、窃窃私语或者抚摸等。

- **个人空间的距离**：45 ～ 120 厘米。这种距离通常出现在朋友和家人之间，以及排队的时候。

- **社交距离**：120 ～ 360 厘米。这是典型的社交场合中认识或不认识的人之间保持的社交距离，也是人们在商店或公交车站等公共区域通常与他人保持的距离。

- **公众距离**：360 ～ 760 厘米。这种距离适用于公共演讲，比如，老师上课或在工作中做报告等，也就是演讲者和听众之间的距离。

声音

在沟通中，不仅说话的内容很重要，怎么说出来也很重要。因为在听别人讲话的时候，我们不仅会听到别人说话的内容，同时也会注意说话的时机、速度、音量、语气和声调的高低变化，还有表示理解程度的口头语，比如，表示恍然大悟的"啊"，表示不理解的"呃"。说话时的语气能够让同一句话表达出不同的意思，比如"哦，太棒了"这句话，不同的语气会让人体会到讽刺、热情或自信等不同的意思。

如何识别非语言信息

有效地解读非语言信息，关键在于考虑非语言信息的发出背景和整体效果。

首先，我们要考虑到背景因素。也就是要考虑到那些看似不重要、实际上却关系紧密的因素。正是这些辅助性的因素，决定着我们所发出和接收到的非语言信息的意义。

人们说了些什么，还有什么其他没说的，当前的形势和状况如何，过去曾经发生了什么等，这些都只是背景因素中的一部分。

第二个要点是，单纯依赖语言表达或者某一种肢体语言，远不如采用多种沟通途径和信号那么可靠。沟通的诀窍在于语言或非语言信息与行为的结合，而不是单一地解读手势或者表情。多种肢体语言所表达的含义，远比单独的一两种手势或表情要可靠得多，所以我们要注意寻找那些具有相似含义的不同的肢体语言信号。

孩子在这方面的表现尤为突出。你可以试试要求孩子去做一件他不想做的事。这时，孩子会用一系列的表现让你非常清楚地理解他的感受，比如，他会说"不"、皱眉头、跺脚、转身背对着你、双手交叉放在胸前等。

💙 精彩提示

- 不要仅在一种肢体语言上找答案，综合考虑多种语言和非语言信号，比如，面部表情、语气语调和手势等。

- 要知道每个人都有自己的基本行为模式，也就是他们通常的为人处世的方式。使用非语言信息的关键是把一个人的基本行为模式作为参考基础。如果你知道一个人自然的和通常的表现，那么你就能够在事情不对劲的时候，很快地有所察觉。

- 注意不一致性。非语言信息应当对语言内容起到呼应或者加强的作用。一个人说的话跟他的肢体语言一致吗？比如，他们是否坚持说自己感觉良好，但是却回避目光交流，而且一反常态地咬手指甲呢？

- 相信你的直觉判断。如果你觉得某人没有诚实地说出自己的感受，或者某些事情不合情理，那么你就很可能是注意到了语言和非语言信息之间的不协调。

- 留意变化——一个人的情绪变化总是会体现在非语言的行为表现上。

- 意识到行为、精神和生理障碍会影响一个人的非语言交流能力。

- 也请牢记文化差异会影响肢体语言信号及其含义。比如，在英国，用食指触碰太阳穴这个动作，表示他们觉得某个人或某种行为很聪明很有智慧。而用食指触碰前额，则意味着他们觉得某人或某种行为很愚蠢或不可思议。不过，这两个手势在俄罗斯代表的含义则恰恰相反。

- 集中注意力！无论你出于什么原因被分心或者走神，你都肯定会错过他人所显露出的非语言信号和不易察觉的暗示。要想弄清楚正在发生什么，你就必须全神贯注。

- 不要陷入对于他人肢体语言的分析，也不要总是觉得自己已经正确地理解了这些肢体语言的含义。请多倾听和多提问。

💙 精彩案例

　　市场部的阿琳娜在一次会议上提出，希望销售部能够给市场部多提供一些销售数据。阿琳娜的部门经理认为这个提议不错，并询问销售部经理席德是否同意。席德回答："好啊，当然可以。""那太好了！"阿琳娜的部门经理一边翻看着桌上的文件，一边这样说。但是，阿琳娜注意到席德的肢体语言跟他表示的态度不一致，心想，"这有点不对劲。"因为席德在说话的时候，嘟着嘴，表情呆板，并且转过头去不愿意看阿琳娜和她的经理。于是，阿琳娜提议大家先讨论一下，这个建议会给销售部门带来哪些困难，然后再继续其他的会议议程。这时，席德的身体前倾，说道："好啊。事实上，我的确有一些困难。""那好，咱们现在就讨论。"阿琳娜回应道。席德明显放松下来，会议继续进行。

处理你自己的非语言信息

关注和解读他人的肢体语言，也能够帮助你更加关注自己的非语言沟通。人们从你的肢体语言中了解到你的态度和情绪。即使一言不发，你也在通过姿态和面部表情与外界交流着。

在某些情况下，比如，尽量回避眼神交流、咬嘴唇和坐立不安等一系列表现，可能会让别人认为你感到很气恼。在其他情况下，身体略微前倾，头斜向一边，偶尔触碰谈话对象的手臂等一系列的动作，无须只言片语，就能够表达你的同情心。

> 即使一言不发，你也在通过姿态和面部表情与外界交流着。

下面是一些值得大家注意的非语言动作和信号。

姿势

你的姿势会受到情绪的影响。这句话反过来说也正确：你的姿势实际上也会影响你的情绪。

这其实一点也不奇怪。比如，当你感到胆怯或焦虑时，低头耸肩的样子透露出你内心的不安，你周围的人很可能也会感到不舒服。

但是你的身体语言发出了什么信息呢？ 更重要的是，哪些信息被传递到了你的大脑里呢？

你的肢体语言能够让他人了解你，这是心理学家早就知道的事。但是最近的研究证实，你的站姿或坐姿实际上影响着大脑的工作模式。比如，摆出一副自信的样子，只需几分钟，你的身体就会开始感受到这份自信，你的大脑也会开始相信你很自信。

在一项研究中，心理学家要求被试摆出下面的两种姿势中的一种，并保持两分钟。第一种是开放的姿势：被试身体往后靠在椅背上，双脚搁在桌子上，双手放在后脑勺上，十指交叉，胳膊肘向外展开。另一种是封闭的姿势：被试坐在椅子上，双肩向内收紧，双脚并拢靠在一起，双手握拳放到大腿上。研究结果中最引人注目的是，那些保持开放姿势的人不仅比其他人更加自信，而且他们的生理指数也发生了显著变化：睾酮素水平增加了 19%，同时被称为"压力荷尔蒙"的皮质醇水平则降低了 25%。

相反，那些保持封闭式姿势的人，睾酮素水平下降，皮质醇水平则上升了。

即便在感到胆怯或者不自然时，你也可以表现出那些你实际上并没有体验到的感受；只需改变自己的姿态，你就可以对自己的感受产生积极的影响。你不必为此而掌握一套全新的姿势、手势和表情，这只会让你觉得不自然或者不舒服。如果你能够持续地改变一两种习惯做法，你的身体和大脑就会自动地做出相应的调整，你会感到更加自信，并给他人留下更加自信和有能力的印象。

因而，花一点时间想一想，在工作和社交场合，或者与家人在一起时，你通常看起来是什么样子？如果你一直弯腰驼背地坐着，或者站着的时候双臂紧紧地交叉在胸前，那么你就会感到不太自信，不太能够把握局面，因为这是你的大脑接收到的信息。

你的大脑能否收到正确的信息，这完全取决于你自己。如果你想要感到有把握和自信，不仅是显得很自信，而是真正感到自信，那么就从下面的这些姿势里选择一两种来练习吧。

- 笔直地站着或坐着；

- 保持头部处于水平状态；

- 肩膀放松，不要耸肩；

- 将体重平均地分布在双腿上（而不是斜着站，用一条腿支撑全身的重量）；

- 坐着时，将肘部放到椅子的扶手上（而不是紧贴在身体两侧）；

- 进行适当的眼神交流；

- 降低说话的音量；

- 放慢说话的速度。

你不可能完全控制自己的肢体语言。实际上，越是努力控制，越会让人感到不自然。所以，你只需做到上述的一两个姿势就可以了。

如果你能够一直这样保持下去，你的想法、感受以及其他的非语言沟通会随之调整。在这个变动过程中，你会看到肢体动作的微小改变，将会累积并促使情绪感觉、为人处世以及你对于他人的影响等很多方面发生巨大变化。

现在就尝试一下，对着镜子摆出自信的姿势，让自己意识到那个"自信的我"看起来什么样子，心里感觉到了什么。

用同样的做法，尝试一下从最霸道到最谦卑的不同行为风格。

♡ 精彩案例

由于个人原因，利昂需要向他的经理海蒂申请缩减工作时间，从每周五天调整为每周三天，否则他将不得不递交辞呈。这件事让他感到非常焦虑。

利昂决定在跟海蒂沟通时自己要做到两件事：保持目光交流和把手轻放在胳膊肘外侧。"尽管我有点担心，不过还是一直看着海蒂，注意保持手的位置。这样一来，我的大脑和身体其他部分也就跟着做好了准备。这次我既没有喋喋不休，也没有打磕绊，这跟平常太不一样了。摆出这个姿态的确让我感到自信！我平静而清楚地说明了我的情况和需求。海蒂听到了我的问题，表示她会和上级商量，看看能够做些什么安排。"

我们建议大家通过保持稳健的姿态、平静的声音和手势来让自己显得和感到自信，但是请注意不要装样子，这会给他人一种虚伪和不真诚的感觉。人们说某个人看起来很虚伪，通常是指一个人装模作样，行为举止与说出来的话不一致。

因为即便你很刻意地控制自己的肢体语言，也还是会有一些他人能够捕捉到的蛛丝马迹，这被称为"泄露"。比如，你的声音会"泄露"你的感受。当你的同事得到了某个你也想得到的职位时，尽管你面带笑容，表现出一副高兴的样子，但是在你向同事表示祝贺时，你的声音里很可能会夹带着一点失望的情绪。

距离与身体接触

在身体接触这个问题上，要先了解清楚每个人的接受程度，以及社会和文化规范。在任何情况下，都注意保持与他人之间的最舒适距离。

我有一位亲戚，她家客厅放置的沙发之间大约相距 4.6 米。我觉得这么远的距离会使人沟通起来很别扭。所以我去她家的时候，通常都会要求从餐厅搬一把餐椅过来，坐得离她更近一些，让我们的交谈更加随意和放松。这样做了以后，感觉的确很不一样。

手势

你注意到自己经常使用哪些手势了吗？你会不会像新闻记者和政治家那样，不停地用手势来为自己的话做解释，却又同时降低了人们对你所讲的话的注意力？

试着平稳流畅地打手势，动作不要过于短促和激烈，否则会让人分心或者感到害怕。一方面，尽量避免使用你不习惯的新手势，另一方面，请有选择地用手势来实现最佳的沟通效果。

眼神

当别人跟你说话的时候，即使你在一字一句地听，但是你会不会使用适当的眼神交流，向对方表示出你很感兴趣呢？

如果你不能进行适当的眼神交流，你很可能会给对方留下这样的印象：你觉得没意思，或者你心不在焉，或者你没有礼貌。反过来，如果是你在向他人倾诉，缺乏眼神交流将让你的听众感到：他们不配跟你讲话，或者你讲话缺乏诚意或不够坦率。

当然，在某些面对面的交谈中，密集的眼神交流可能会阻碍彼此的交流。有些时候选择更为轻松的交流方式会让沟通的效果更好，比如，两个人在一起参加某项活动时进行交谈。

♡ 精彩案例

朱莉的父亲斯坦 65 岁，自从妻子 5 年前去世后，他便一直独自生活。斯坦是一个安静而内向的人，不太爱说话。每次朱莉去看望父亲，他们都会面对面地在餐桌边坐着，但聊了几句后就会感到无话可谈了。因此，朱莉并不太想去看望父亲。

然而，自从斯坦让朱莉帮他整理家谱后，情况发生了转变。朱莉发现，他们在一起做事的时候，能够找到很多共同话题。这种随意的状态似乎更适合他们的交谈，两人都感到更加自然和放松。

"准"语言

我们必须意识到，说话时的语气、音高、音量、声调起伏、韵律和速度，都会对说话的内容产生影响。这些非语言的声音效果能够微妙却强有力地显露出你的真实感受和意图。

辩证地看待事物，不要一味地追求非语言沟通的"完全正确"。人们注意的是你的非语言沟通的整体效果。在与他人交流时，只要保持真诚与坦率，你的非语言沟通就更有可能反映你的真实感受。

> 不要一味地追求非语言沟通的"完全正确"。

♥ 精彩提示：身体是头脑的发言人

当身体让你停下来休息一下时，你是否会意识到它？你会倾听身体的语言，还是会忽视它？当你忽视身体发出的这些信息时，你就会丢掉关乎你的有益或者有害的重要信息。这不是高情商的做法！因此，请倾听身体告诉你的直觉信息和见识，并见机行事。

💙 精彩总结

- 非语言沟通能够表达我们的真实情绪和意图。

- 人们在表达情绪和感受时，93% 以非语言沟通的方式实现。

- 非语言沟通源自人的边缘脑。那些不假思索、不由自主的情绪也是从这里冒出来的。

- 你的手势、坐姿、语速或音调高低、你与他人之间保持的距离和眼神交流，所有这一切都在传递着关于你当下感受的强有力的信息。

- 有效解读非语言信息的关键是，对于非语言信息的背景和整体效果的意识。

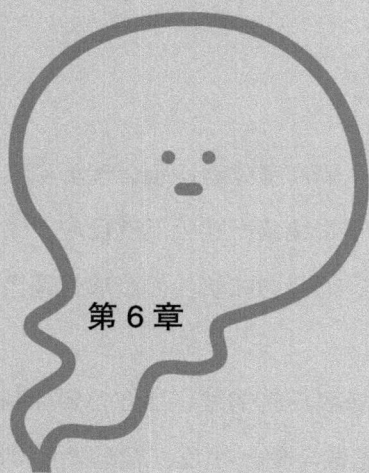

第 6 章

每一种情绪都有用，就看你怎么用

至此，我们通过本书已懂得，情商意味着识别、理解和接纳情绪。我们下一步要做的是应用情绪来影响我们的反应、动作和行为。这并非是指控制情绪，而是意味着我们能够管理自己的情绪。

控制情绪意味着掌控、驾驭或者压抑情绪。当你想要控制自己的情绪时，其实是在和自己做斗争。相反，管理情绪则涉及用一定的技巧来灵活地处理自己的情绪，这是在跟自己配合。

请记住，每一种情绪都带有积极的目的，从某种意义上来讲所有情绪都是有用的。以悲伤为例，悲伤的感觉是失落、无助、关注自我，它的积极目的在于帮助人们贴近那种失去的感觉，并逐渐适应这个现实。

从某种意义上讲所有情绪都是有用的。

所以，先问自己这样一个问题："我的情绪会如何帮助我？"并且不要一味地认为自己受到情绪的控制，或者你需要控制情绪。

依据情绪强弱采取不同的策略

管理情绪涉及发展一系列能够管理自己的反应、行为和行动的策略。每一种策略对于不同的情绪体验都具有不同的效果。斯坦福大学的一项研究表明，采用灵活的方式应对情绪，是拥有良好的情绪状态和情商的关键。

我们都知道情绪反应的激烈程度各不相同，有些情绪反应的力度和影响较低，有些则具有强大的冲击力。研究表明，根据情绪的激烈程度选择合适的策略，对于一个人管理情绪和情绪状态的能力有很大的影响。

例如，你最近在工作中犯了错，当同事指出这个错误时，你可能会觉得有点烦。但是如果你的同事是在怀疑你的工作能力，那么你的情绪反应一定会更强烈！

一方面，当情绪反应相对较弱并且你已经能够重新考虑这件事时，评估（Appraisal）是最恰当的情绪管理策略，它会帮我们找到处理情绪的最佳方式。

但是，另一方面，当情绪变得过于强烈时，便不易于被管理。这是因为人在情绪反应激烈时，大脑里被激活并起主导作用的区域，不是进行理性分析和逻辑思维的大脑区域。这样的结果就是，当你非常生气、失望或者兴奋的时候，你不可能进行思考或解决问题。

虽然像类似于恐惧和惊讶这样的激烈情绪通常只是暂时出现且持续时间较短，但是它们同样会阻碍一个人的思考、逻辑和推理能力。在这种情况下，分散注意力是更为有效的策略，也就是先不处理情绪，拖延情绪的处理过程。这并不是让你一直逃避自己的感受，而是建议你先分散注意力，过后再做回应。

所以，如果你的同事怀疑你的工作能力，而你要在当天下午做一个重要的报告，那么就不要让愤怒影响你，也不要怀疑自己做报告的能力，而是选择做其他的事情来转移注意力，比如，集中精力为下午的报告做好准备，或者约朋友共进午餐等。

相反，因为"觉得有点烦"并非那么强烈的情绪，所以请你不要因为同事指出了你的错误而生气，而是要考虑一下她的话是否有道理，你能对她说些什么，或者不要说什么，以及你能够做些什么。

换言之，不要用宰牛刀杀鸡！情绪管理的成功秘诀就在于选择适当的情绪策略。亚里士多德曾说过，我们需要的是恰当的情绪和应景的感受。

情感就像是海浪，我们无法阻止它们汹涌而至，但我们可以选择在哪里冲浪。

——约纳坦·马丁臣（Jonatan Martensson）

选择正确的情绪管理模式

当你认为情绪反应只有一种模式时，你就会受到情绪的摆布。但是实际上，我们永远都有更多的选择。

打个比方，想象一下你正在开车，有一个人骑着自行车冲到了你的车前。你急踩刹车，差一点就撞上他。可能你会很生气，第一反应就是立刻跳下车，大声地教训一下骑车的人。但是无论在什么情绪面前，我们都可以选择做出其他的反应。所以除了与骑车的人起冲突之外，你也可以选择继续开车，等那个骑车的人看不到你时，在车里大声地咒骂几句，发泄一下自己的怒气。

第 3 章曾经提到，你看待情绪的方式能够影响你的情商。

可能你也还记得，情绪体验由生理变化、认知感受和行为表现这三个方面组成，而每一个方面都会对其他方面产生影响。所以，你对于某件事的想法会影响到你的感受和行为。你根据自己的想法做出的回应，可能会起积极作用，也可能完全不起作用。你的确是有选择的！

比如，假设你走在大街上，一个熟人从你身边走过去，却好像没有看见你。

表 6-1　情绪模式

情绪体验的三个方面	消极模式	积极模式
认知感受	"他对我视而不见，他讨厌我"	"我不确定他有没有看到我，他没事吧"
生理变化	紧张	正常
行为表现	不理他，或者追上去质问他	追上去跟他聊聊，或者过后打电话、发短信给他，问问他的近况

　　同一件事，会因为你对于这件事的不同想法，而带来不同的两种反应。你的思维模式会直接影响你的感受和行动。在上述例子的消极模式中，你在没有掌握充分证据的情况下就直接下结论，这通常不会带来很好的结果。

　　对自己的想法、感受和行为越有意识，也就越能够理解情绪的连锁反应，从而更容易把控事态。从认知感受、生理变化和行为表现这三方面来看待情绪，能够让我们更容易理解这三者之间的内在关系及其对人的影响。

稍等一下再决定

　　花一点时间调动自己来思考，认清自己对于某一具体情况的想法，这能够让你看到自己在面对某种情绪和情况时有哪些可能的选择。

假设一个朋友想让你陪她去听一名歌手的演唱会，但是你实在不喜欢那名歌手的歌。你心里那种难受的感觉告诉你，你不想去。但是你并没有花时间来体会自己的感受（事实上，那种难受的感觉，就是一个信号），也没有让自己的感受帮助你做决定，而是直接同意陪她去。这显然不是高情商的做法，对吧？

另一种做法是，完全感情用事，你可能会这样说："你别开玩笑了！我才不会去听他的歌！听他唱 2 个小时简直就是受罪，我宁可坐着发呆，也不会去听他的演唱会！"

有没有其他的更通情达理的回复呢？当然有。三思而后行，先让自己冷静下来，想想有哪些不同的答复方式，想想怎样做出选择。

💙 精彩提示：呼吸，改变你的生理状态

请记住，生理反应是情绪的一个方面。所以，管理情绪的其中一个方法就是管理情绪的生理反应。

生理反应能够通过呼吸来调节。所以，如果你有情绪，感到心率上升和肌肉紧张，那么你可以通过放慢呼吸频率等方法来降低情绪反应的程度。或许你对这个方法并不陌生，但是它的确有效。

- 首先，屏住呼吸 5 秒钟（目的是"调整"呼吸）。

- 然后，缓慢地吸气 3 秒钟，以更慢的速度呼气（与此同时，想象着你通过呼吸将纯粹的宁静放入手心）。

- 继续这样呼吸，并请注意，让我们放松下来的是呼气。

缓慢地呼吸有助于减缓心率，并从生理层面起到调节情绪的作用。

把"暂停"或者"呼吸"写在便利贴上，把它们贴在你的电脑旁、电话附近或者冰箱上，以便提醒自己慢下来，注意呼吸，并考虑情绪反应的多种选择。

除非是在紧急情况下需要凭直觉立刻做出反应，否则就多让自己做有意识的选择。在你需要决定做出怎样的回应和采取什么样的行动时，先让自己冷静下来，稍等一下再决定。

精彩提示

即便是情绪高涨时，你依然能够启动自己的智慧大脑。具体的做法包括，默念字母表、从 20 倒着数到 0，或者回想一下你昨天吃了和喝了什么，等等。试一试，这很奏效。

改变你的姿势

正如改变呼吸的方式能够调节情绪一样，你也可以通过改变自己的姿势来管理情绪。如果你能够坚持对一两种姿势进行调整，那么你的身体其余部位和大脑就会随之做出调整，你将对管理情绪和掌握当下状况更加自信。确保大脑得到正确的信息这件事完全取决于你自己。你不妨从下面的列表中，选择尝试两到三种姿势：

- 笔直地坐着或者站着；
- 保持头部处于水平状态；
- 肩膀放松，不要耸肩；
- 双脚着地，让体重平均地分担在两条腿上；
- 坐着的时候，把胳膊搭在椅子的扶手上（而不是让双臂紧贴在身体两侧）；
- 保持适当的眼神交流；
- 降低音调；
- 放慢语速。

你不可能把控自己的所有肢体语言。但是，如果你能够坚持做到一两点，那么你的想法、感受以及其他的非语言沟通就会做出相应的改变。在此过程中，你对于身体做出的细微调整，将会累计促成感受和行动方面的巨大变化。

让自己动起来

身体运动直接改变大脑的神经传导行为。你不必为了调节情绪而去健身房做运动，你也可以去散步、打扫房间、洗车或者爬几层楼梯，这些都有助于改变你的生理状态，并给你时间去思考、分析和理解。

向自己提问

假如你已经知道该怎样管理自己的身体感受，那么下一步要做的就是管理自己应对情绪的方式。先向自己提出下面这些问题，然后再决定怎样做出最好的回应。

- 我必须现在处理这件事吗？
- 我想要什么——我希望这件事有什么样的结果？
- 如果我做出了……回应，结果会怎样？
- 如果我没有做出那样的回应，又会发生什么？
- 哪一种做法能够让我感觉更好？
- 在我做决定之前，是否应该找个人商量一下？

- 哪一种选择让我有满足感?

向自己提出这些问题，有助于你来决定自己是否已准备好处理这件事、自己有哪些选择，以及哪一种是最好的选择。

♡ 精彩案例

假设你现在灰心丧气，因为你没有得到单位内部的晋升机会，并且非常妒忌那位被提拔的同事。试着用下面的问题来理清思路。

- 我应该立刻做出回应吗? 可能不行。立刻递交辞职报告可能不是最好的举动。
- 如果我递交了辞职报告，会怎么样? 当时我可能会感觉很解气，但是明天我就会后悔。
- 如果我没有这样做，又会怎么样呢? 现在很沮丧，但是明天我会因为没有辞职而高兴。
- 我应该和别人商量一下吗? 当然应该。今晚回家跟我太太谈一谈这件事。
- 我想要得到的是什么? 我很想知道自己为什么没有得到晋升。
- 哪一种决定让我更满意? 压住火，回家跟太太谈一谈。明天询问领导的反馈，看看将来还有什么机会，先找工作再辞职。

先停下来想一想，这意味着你在掌控局面，因为你考虑了所有可能的选择。

看到事物积极的方面

试着找出事物的积极方面，常常能够让你用不同的眼光看待问题，并提高你的管理能力。比如，你虽然没有被提升，晋升的同事也不是你喜欢的人，但这至少意味着他将离开你所在的部门，你再也不用和他一起工作了。而且，你将从事一份新工作。所以，把注意力放在自己身上。

从过去的经验中学习

想想曾经的类似经历，失望、嫉妒或尴尬等，最后一切都变好了，是什么发挥了作用呢？

把你的感受写下来，说出来

如果你喜欢写，那就写一写你的感受如何。写一写你的

失望、嫉妒和愤恨的感觉，写一写发生了什么和你的感受如

何。你也可以把当时的情况写下来，

你受到了怎样的影响，这给你怎样

的感觉。写一写你对于整个事情经

过的反应，你说了什么，做了什么，

以及你在其中的责任是什么。

> 把情绪写下来，然后安排一个专门梳理情绪的时间。

如果情绪让你思绪起伏，那么你就把它们写下来，然后安排一个专门的时间来梳理情绪。这是将想法形象化并释放的做法——知道自己稍后会做处理，能够放空大脑，也就可以停止胡思乱想了。

向他人倾诉或者发信息

管理和释放情绪的另一个做法是告诉别人，比如，朋友、同事、家人、医生或者心理治疗师。明智地选择你的听众，找那些与事情没有直接关系却愿意倾听事情经过和你的感受的人。

详细诉说当时发生了什么和你对于那件事的感受，能够帮助你释放情绪，获得对于整件事的看法。不过也要注意，如果你一直向不同的人反复诉说这件事，并反复体验愤怒、失望、伤害或者任何一种情绪，那么你很可能会被认为是一个充满了

怨恨和痛苦的人。到那时，怨恨就变成另一个问题了！

💗 精彩提示：从他人身上汲取经验

在你认识的人中，有哪些人看起来能够有效地管理自己的情绪？他们是怎样面对挫折和困难的？你也可以问问他们，比如："上台演讲的时候，你如何让自己不紧张？"或者"开车时，你如何不因有人抢道而生气呢？"如果你依照他们的策略行事，那么他们的回答将对你的生活产生极大的影响。

💗 精彩案例

妮古拉正在生闷气，因为她的同事乔西迟到，所以这个重要会谈的开始时间被推后。妮古拉知道自己有情绪，她担心自己演讲的时间会因此而被缩短，这样可能会影响产品推广的效果。

妮古拉心里明白，现在最重要的事是她要处理好自己的烦躁情绪。否则，她很可能会在乔西赶到之后，对他冷嘲热讽，那样会让自己显得不够大方，也不够专业。她知道现在需要让自己先冷静下来，花一点时间想想她有哪些选择。换句话说，妮古拉意识到她是有选择的。

首先，妮古拉调节自己的身体感受。她专注地做了 1 分钟深呼吸，降低心跳的速度，让自己不再那么紧张。

其次，她改变自己的想法。妮古拉重新考虑这件事，努力看到其中的积极因素。她发现推迟开会让她有时间跟他人进行交流，这也让她不再感到那么消极。

她的想法中这个小小的转变让她的感觉有所好转，并让她感到更有把控感。

然后，她通过采取行动而进一步缓解了自己郁闷的感觉。她直接询问会议主持者，是不是可以开始开会了。

最后，当天晚些时候，她对乔西说："你开会迟到，我真的有点生气。你迟到这件事缩短了我们介绍产品的时间。演讲很仓促，效果也就没有原本应该的那么好了。"

管理你的情绪需要一定的技巧和灵活性。你需要管理情绪的各个方面。比如，掌握自己的想法，你就能够更好地了解自己的身体感受，那么你也就能够管理自己的反应、动作和行为。或

情绪的每一个方面都会受到其他方面的影响。

者，如果你能够了解自己的身体感受，你就能够管理自己的思想和行为。毕竟，情绪的每一方面都会受到其他方面的影响。

不同的策略对于情绪体验会产生不同的影响。因此，真正的情商智慧，就是不断研究管理情绪的策略！

精彩总结

- 情商不是控制情绪，而是管理情绪，也就是在面对情绪时，运用技巧并采取灵活的策略。

- 当你认为情绪反应只有一种模式时，你就会受到情绪的摆布。但是实际上，我们永远都有更多的选择。

- 管理自己的情绪意味着不断地研究应对情绪的策略，并依此管理自己的反应、行为和行动。不同的策略对于不同的情绪体验会产生不同的影响。

- 记住情绪由身体感觉、想法和行为这三个方面组成，每一个方面都能够影响其他方面。

- 管理自己的思维模式，将会对自己的身体感受和行为产生影响。管理自己的身体感受，你将更有能力管理自己的想法和行为表现。管理自己的行为，你也将更有可能管理自己的想法和身体感受。

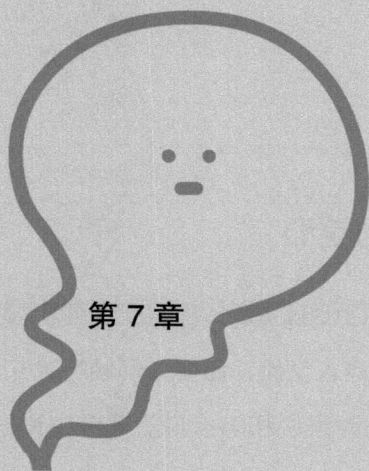

第 7 章

同理心帮你赢得整个世界

情绪的共鸣：培养你的同情心

情商高的人擅于理解和管理自己的情绪，也擅于理解和管理他人的情绪。他们懂得怎样与他人交流：懂得如何倾听，知道该说什么和不该说什么，什么时候说和怎么说。通常来说，情商高的人也是体贴和积极正向的人，能够感知到他人的情感需求。

想要成为这样的高情商人士吗？你需要的关键能力就是同理心。

拥有同理心，简单地说就是你愿意尽可能地理解他人的处境、观点、想法和感受。你对他人的处境表示关心，并随时准备对他们的需求和感受做出回应，既不否定也不评判。

这并不是让你把别人的问题变成自己的问题，或者让他们的情绪支配你的情绪。无论其他人体验到的情绪是否与你有关，你的目的是理解他们的情绪，而不是被他们的情绪冲击或控制。

♥ 精彩提示

还记得吗？一个人情绪激动时发挥作用的大脑功能区，跟一个人进行理性分析和逻辑推理时使用的大脑功能区，不是同一个区域。这意味着人们在生气、嫉妒或兴奋时，无法清晰而理智地思考问题。这个情况就像是一堵墙突然倒塌，而他们站在墙的后面。也就是说，你其实是在跟情绪，而不是在跟人打交道。这时，你需要情商！

拥有同理心，意味着你以自身的情感认知和体验为基础，让自己更加贴近他人的言语和感受。不过请牢记一点，对于任何一件事，每个人的感觉或想法都可能是截然不同的。

♥ 精彩案例

露丝越来越受不了她的弟弟西蒙。自从西蒙失去工作后，他总是在给露丝打电话时抱怨生活的不公，认为自己是一个受害者。

后来露丝改变了自己的沟通方式，情况开始发生变化。当露丝接到西蒙打来的电话时，她会尽量揣摩与体会西蒙的情绪，是不开心、焦虑、厌恶、害怕，还是不堪重负？

> 露丝不太确定，于是她问西蒙："你知道自己下一步想要做什么，还是你不知道该怎么办？"西蒙说自己感到毫无头绪，不知道该做什么，是把房子租出去，出国工作，还是冒着无力还贷的风险，继续留在国内找工作。
>
> 露丝虽然从未被解雇过，但是她曾有过跟西蒙类似的感觉——备受打击且不知所措。这让露丝产生了同理心，开始理解西蒙当下的感受。

同理心怎样发挥作用

是什么让我们拥有同理心？假设你看到某个人的脚趾不小心碰到一把椅子，你也会立刻感到难受。或者，看到恐怖电影中的某个人物受到惊吓，你的心也开始狂跳，紧张地屏住呼吸。人类这种简单快速地理解他人感受的能力，曾经长期困扰神经学家和心理学家。但是近代的研究发现了一个令人惊奇的解释：这种能力似乎受到"镜像神经元"这个脑神经细胞的影响。

镜像神经元是一种异乎寻常的脑细胞，它能够在两种情况之下被激发：一种是在你自己采取行动的时候，另一种是在你看到或者听到其他人采取行动的时候。

20 世纪 90 年代早期，镜像神经元尚未被发现之前，意大利帕尔马大学（University of Parma）的几位学者，包括里佐拉蒂（Rizzolatti）、迪·佩莱格里诺（Di Pellegrino）、法迪加（Fadiga）、福加希（Fogassi）和加莱塞（Gallese）等人曾进行过一系列研究。他们认为，大脑会通过分析和推理的理性思维模式来解释他人的行为。但是现在，许多学者和科学家都认为，我们不仅会通过思维，也会通过感受来理解他人。

镜像神经元也让我们能够模仿他人的面部表情。比如，看到一个人在吃很难吃的东西时龇牙咧嘴的样子，那种厌恶的表情也会让你本能地做出厌恶的表情。这是因为，无论是你看到他人的表情，还是自己做出那副表情时，触发的都是同一片大脑功能区域。

事实上，还有一项研究发现，通过注射肉毒杆菌消除脸部皱纹的人，模仿他人面部表情的能力由于受到肉毒杆菌的麻痹作用而被限制，因此他们识别他人情绪的能力也会随之下降。

在书面沟通中，看不到彼此的面部表情或许是造成误解的一个原因。通过写信、发电子邮件或提交报告等方式所进行的书面交流，一般缺少即时的口头反馈和面部表情等沟通要素。

当你微笑时，整个世界也与你一起微笑。

——古德温（Goodwin）、费舍尔（Fisher）和吉文
（Shay），《当你微笑时》（*When you are smiling*）

💙 精彩提示

针对镜像神经元的研究让我们重新认识了人们交流情感和意图的方式。

镜像神经元的概念包含着"捕捉情绪"的意思。这有时候是件好事，比如，当你看到他人微笑时，大脑中控制微笑的镜像神经元就会变得活跃起来，并在你的意识中产生与微笑相关的感觉。你不用考虑别人微笑的目的是什么，你只需理解微笑本身并回报以微笑。这种微笑是多么具有感染力啊！

但是，这也意味着你有时会从他人那里"捕捉"到负面情绪，比如，生气、鄙视、冷漠等。当你身边的人有这样的一些负面情绪时，你很快就会出现相同的感觉，紧张、消极、感到痛苦（详见下文提到的研究结果）。

记住，你不必把别人的情绪变成自己的情绪，或者让

他人的情感控制你。调动同理心的目的是理解他人的情绪，而不是陷入他人的情绪之中。

他人的情绪影响你的情绪体验

20 世纪 60 年代的一项试验表明：他人的行为表现能够影响你对于自己正在体验哪些情绪的看法。

试验中，被试被注射肾上腺素（他们以为试验目的是观察肾上腺素对视力的影响）。研究人员告诉被试注射肾上腺素可能会有副作用，其中一部分被试被告知他们会感到异常高兴，而另一部分则被告知他们会感到生气。

而事实上，所有被试都会出现相同的生理反应，包括心跳加快、身体发抖和呼吸急促等。

在接受注射之后，被试被带到一个房间（他们以为要等待肾上腺素开始发挥作用）。在那个房间里，还有另一位假扮的被试，假装自己也接受了同样的肾上腺素注射。如果真正的被试之前听到的副作用是感到异常高兴，那么假扮的被试就会表现得很开心，并且会用房间里的物品自娱自乐，比如，呼啦圈、钢笔和橡皮筋等。

如果被试之前听到的是感到生气，那么在他们房间里的假扮被试就会假装很生气，比如，他们会抱怨这个"测试"，或者愤怒地冲出房间等。

愤怒和高兴具有相同的生理反应（心跳加速、坐立不安和呼吸急促），正是这些生理反应再加上预先设定的心智模式（生气或者高兴），共同创造出完整的情绪体验。

如果被试遇到"很高兴的"假扮被试，他们通常会记录自己有积极的感受。而遇到"生气的"假扮被试，他们则会记录自己有消极的感受。这一研究显示出他人的情绪状态对我们自身情绪的影响。

培养同理心：学会倾听

你怎样让自己变得更有同理心，并学会管理他人的情绪？这与学会管理自己的情绪一样，要从接纳情绪做起。接纳他人的情绪是一种被动的行为，它意味着你除了倾听和观察之外，其他什么都不用做。你不要评判、阻碍、否定或接管他人的情绪，也不要让他人的情绪主导你的情绪。

💙 精彩提示

观察一下，当一个人在他人面前表现出内疚、羞愧或愤怒等负面情绪时，如果这种情绪与其他人没有直接关系，那么会发生什么？其他人会做出怎样的反应？他们会否定、忽视或者制止这个人表达情绪吗？他们"捕捉到"对方的情绪了吗？

你见过的最有用和最肯定的回应是怎样的？

下次再遇到某个人情绪激动的情况时（无论这种情绪是否与你有关，比如，对方可能只是因为收到了一张违章停车的罚单而生气，或对方在生你的气，因为你告诉对方可以在那里停车），你可以表示关心，但不要试图减弱或者终止他们的情绪体验或情绪表达。不要介入或提问，不要试图解决问题或安慰他们，也不要提供解决方案。如果他们的情绪与你有关，也不要替自己辩护。相反，停止一切你正在从事和思考的事情，把全部的注意力都放在他们身上。

你不一定认同他人的情绪，但是接受他人的情绪感受，对于肯定他人的情绪很有帮助。

接纳和肯定一般会通过非语言沟通反应来表达

接纳通常由非语言沟通来表达。跟你说话的人能够通过你的肢体语言，意识到你是否真的在倾听，尽管这个过程是无意识的。

接纳和肯定的非语言表达可以很简单，比如，通过面部表情回应对方的感受（这时镜像神经元开始介入）、眼神交流、点头或微笑等。也可以有更深刻的含义，比如，温柔的抚摸、同情的眼神、竖起大拇指等。肢体语言能够表达语言所无法体现的同理心。

成为积极的倾听者：肯定和表示理解

在展现出你对于他人情绪的接纳之后，下一步是展现出你在尽力理解他们的情绪。这时可以采用积极倾听的做法。积极倾听可以让人感到自己被理解，并能够鼓励人们做出进一步的表达。

积极倾听本身并不复杂，但是它需要主动和投入以及大量的实践！它关注的重点是语言表达的内容，这涉及口头语、复述释义和澄清等沟通能力。

* 口头语

口头语包括"对""嗯""原来如此""还有呢"或者"我明白了"等这样的简短回复。你通过这些口头语表现出自己倾听的兴趣，也鼓励他人继续谈话。

*复述和释义

复述和总结他人的话语能够确认我们的理解是否准确。常用的句型和短语包括："所以，我的理解是……""我觉得你的意思是……，我这样说对吗？""好吧，所以你认为……"或者"你觉得……"等。

复述别人的话并非易事。在对方讲话的时候，你作为倾听者，必须记住谈话过程中的要点，以及与对方的谈话内容有关的细节。

需要再次强调的是，你不必对他人的情绪表示赞同，你只需要表示出你对于对方的情绪是怎么理解的。如果对方认为你还没有理解到位，那么他们就可以做出更多的解释。

当然，如果你对别人的每一句话都进行重复或者总结，那么这一定就会显得很不自然。

以一种好像你随时都会做出回应或者解读对方话语的方式进行倾听（无论你是否真的需要做出回应），这是倾听的诀窍。回应式倾听正是因此而颇具影响力。它能够让你全神贯注，帮助你更好地倾听，让对方感到自己被理解，并激发更深层次的交流。

♡ 精彩案例：积极聆听

丽贝卡：真尴尬，昨天开会的时候，我忘了带上杰克需要的会议资料。

莎莉：真的？（口语表达）

丽贝卡：是啊。现在他不理我了。今天，坐在我旁边的同事克里斯告诉我，杰克开始向办公室的其他同事抱怨我办事不牢靠。

莎莉：哦，这么说整个办公室的人都听到杰克在抱怨你了。（解读）

丽贝卡：对呀。

莎莉：你怎么看这件事？

丽贝卡：我很不高兴。我真的很想消除这次误会，向他道歉，但他却对我很冷淡。说句实话，我现在觉得很生气。

莎莉：你的意思是，你忘了带会议资料，本来觉得很尴尬和不高兴。可是现在你很生气，因为杰克不给你机会道歉。（复述、解读和澄清）

丽贝卡：对，就是这样，你说得太对了。

莎莉：那你接下来打算怎么办？（开放式提问）

丽贝卡：我可以给他写邮件，告诉他我很抱歉，并且向他保证我以后不会忘记任何他需要的会议资料。

莎莉：我觉得你这么做很棒。

♡ 精彩案例

很多情况下，你只需从情感角度领悟他人的意思就够了。比如，你的朋友告诉你，他的一位同事如何因为顺利完成某项工作而受到了表扬，但是他在其中的贡献却没有被提到。你可以说："听起来，你很失望。"你的朋友要么会同意你的话，要么会进一步澄清自己的想法，他可能会说："实际上我不仅是失望，我还非常不高兴。"

练习 5：与朋友对话，练习积极聆听

选择下面主题中的一个，由一个人进行 2 分钟的述说，另一个人必须使用积极倾听的技巧，表现出兴趣和理解。最重要的是，说话的一方讲完之后，倾听的一方必须告诉对方自己认为对方当时有什么情绪和感受，并

对此表示接纳和理解。

- 你在商店、饭店或者银行遇到的一次很差的服务。
- 你有过的最棒的工作或假期。
- 你有过的最差的工作或假期。
- 你对于死刑的看法。

积极聆听是一个强有力的技巧，能够通过以下方式提升一个人的情商修养。

- **增强同理心并建立协调的关系**：通过尽可能地理解他人的所言所感，你表现出的是你正在尽可能地从他人的立场看待事物。

- **克服自以为是的想法**：你的假设、信念和情绪都可能会让你曲解谈话的内容。积极聆听能够阻止你的自以为是，阻止你想当然地认为自己知道其他人的感受。而且，在积极倾听的过程中，你可以表达出自己对于他人的话语和感受的观察和理解，这让对方有机会对此做出肯定或者反驳。

- **鼓励人们敞开心扉**：因为你不会用自己的想法、不必要的提问或评论，干扰或者打断说话者的思路和情绪，所以，当你真的重述和解读对方的话语时，他们能够肯定、收回或者调整自己的想法，这也会鼓励谈话者进一步敞开心扉，说出更多的内容。

- **遇到困难时做出自己的决定**：重述和解读对方的话语可以让谈话的速度慢下来，这让谈话的双方都有时间思考自己的感受。

那么，当你无法这样做的时候又会怎样呢？如果你因为太忙、不能集中注意力、感到困惑或者感到担心而无法专注倾听时，你该怎么办？那就实话实说吧！不要害怕告诉别人你现在不能听他讲话。与其让人觉得他们只能很仓促地告诉你事情的经过和自己的感受，或者让他们误以为你对他们的话不感兴趣，还不如直接解释一下为什么现在不是最佳的谈话时间。除非他们要说的事情很紧急，否则就跟他们约一个你能够集中精力谈话的时间，并且信守约定。

> 不要害怕告诉别人你现在不能听他讲话。

💙 精彩案例

莫伊拉正在赶写一份报告，报告的截止日期已经很近了。这时，杰米来找莫伊拉谈他做的一个项目计划，这个项目将在下个月启动。莫伊拉说："杰米，很抱歉，我现在不能跟你讨论这个项目。我必须马上完成这份报告，我现在压力很大。午饭之后我就有时间了，咱们能否那时再谈这个项目？到时候我就能更好地集中注意力，我很想听听你对这个项目的想法。"

辅助式倾听帮助他人进行自我表达

辅助式倾听是加强关系、理解和同理心的下一个步骤。辅助式倾听的重点是帮助他人进行自我表达，这涉及提问和澄清。

澄清：提出开放式问题

即便你已经尽可能地接受和肯定别人的话，你可能还是不太清楚他们在说什么和想什么。

澄清或者得到更多的信息的一种简单方法就是提问，提出那些能够鼓励人们表达自己的想法和感受的问题，这也正是提出开放式问题的作用。开放式问题通常包含"什么""为什么""怎样"等疑问词，或者以"请告诉我""请解释一下"或者"请说明一下"等开头，比如，"那是怎样发生的？""什么时候发生的？""你的意思是……""你觉得他为什么会那么说？"还有"告诉我你对此做何感想？"等。

一方面，当谈话中出现难题，你需要澄清某个观点或者得到更多信息的时候，你就可以采用开放式提问的做法。另一方面，类似于"你还好吗？""你知道应该怎么做吗？"等封闭式问题，你只需回答"是"或者"不是"。封闭式问题限制了被提问者，而开放式问题则让人有机会说出更多的内容。

💙 **精彩提示**

"你觉得这样可以吗？""你生气了？""你现在高兴吗？"你经常使用这样的问句吗？这样做的频率有多高？这样的问题意味着被提问的人只有两个可选答案："是"或者"不是"。

要想更好地帮助他人表达他们的感受，一种做法就是让他们用 0 ～ 10 分来衡量感受的程度。比如，你可以这样问："在 0 ～ 10 分中选一个分数，告诉我你有多失望？"

大多数人会简单地问："你失望吗？"但是，是或者不是的答复又能告诉你什么呢？恐怕没有太多的信息。试一试这样提问："在 0 ～ 10 分中选一个分数，告诉我你有多失望？"这样的提问方式，既能够让你了解对方的失望程度，又能够为更深层次的问题做铺垫。比如，"哦，你的失望程度是 10 分！看来这件事对你的打击很大。我能为你做些什么，让你感觉好一点？"

漏斗式提问

开放式问题也可以被用于一种名为"漏斗式提问"的技巧中。漏斗式提问包括提出一系列能够获得关于更多细节的或者更具普遍意义的信息的问题。

帮助了解细节的漏斗式提问使得提问者对于具体话题有了更为细致的了解，也帮助述说者关注和回忆细节。你可以从一般性问题着手，在每一个回复中的某一个问题上缩小范围，以获得更多的信息。我们不妨看看下面的例子。

埃德：关于你们之间的问题，你再多说几句。

法米拉：路易斯和我吵了一架，从那以后我们再没说过话。

埃德：具体是因为什么呢？

法米拉：因为当时我们做的一个项目快要到期了。他认为我不愿意加班，毕竟我只是兼职。可是你是知道的，我不是不想加班，只是我必须得照顾家庭。

埃德：那你对这件事到底有什么感受呢？

法米拉：我对他很生气，也为我自己感到难为情，因为我
们当着办公室所有人的面吵了一架。

漏斗式提问的优点是，它能够被用来化解冲突或缓和问
题，帮助对方冷静下来并感到自己被他人所理解。漏斗式提问
让对方看到自己与问题有关的更多细节。这有助于对方释放情
绪，进而帮助互动的双方澄清和理解事情发生时的情况。用
"多说几句关于……的事"开始你们的对话，这是一种常用于
邀请对方开口的表达方式，也给作为倾听者的你提供了寻找线
索的机会，以及提出更多涉及具体细节的问题的机会。

在提问过程中，使用诸如"具体""到底"和"特别是"
等这样的词语，引导对方把一个具体观点讲清楚，描述更多
的细节。你可以把这些词跟"怎样"和"什么"结合在一起
使用。

一方面，有些漏斗式提问能够发现更多的细节，让你（倾
听者）集中关注重点问题并获得更多信息。另一方面，有些漏
斗式提问能够降低人们对于细节的关
注，从而拓宽问题的广度，为你提供
更具有普遍性和更为宽泛的信息。比

> 漏斗式提问能够
> 让他人看到与问题有
> 关的更多细节。

如，你可以问："还有其他人吗？""还有呢？"

"所以，他接受了你的道歉。然后呢？你们还讨论了什么？"

这种提问方式很适合鼓励讲述者敞开心扉。

💙 精彩提示

要保证在提出问题之后，给对方足够的时间回答问题。在回答你的问题之前，他们可能需要安静地思考一下，所以不要在对方沉默不语时觉得自己应当把话题接过来。

💙 精彩案例

如果你不是很确定或者不是很清楚对方的情况，那么就一定要提问。听广播或看电视，观察节目主持人怎样向被采访者提问，以便澄清问题，增进彼此的理解。

非语言沟通

培养同理心，对他人的观点持开放的态度，这需要通过努力来实现。尽管人们通常不会直白地表达自己的真实想法和感受，但是还是会在沟通中有所暴露和留下线索。试着去发现这些关于真实想法和感受的线索。人们说的话、说话的方式、肢体语言、采取的行动以及对你的话做出的回应等，这些都是发现线索的途径。注意语言和非语言沟通之间的关联性，观察一个人的语言和非语言沟通是否在"讲述"相同的内容，多做联系可以提高这种意识能力。还有，当其他人改变沟通方式时，要特别留意其中的变化。

当你向他人提问时，请注意自己的非语言表达，确保自己不会留下质问、攻击和粗鲁不礼貌的印象。一个人提问时的面部表情、手势和语气语调都会影响他所得到的回复。

与他人交谈，观察他人视角

与他人交谈时，我们应当关注什么？让他人更容易听明白你的意思。不要因为你已经做出了解释或者说明，就想当然地认为其他人能够像你一样理解或者感受。考虑一下他们的情况，他们对这件事的了解程度如何？他们可能会有什么想法和信念？你是否想过，此时此地，他们真的有心情听你跟他们讲这件事吗？

管理他人的感受和情绪，并不仅仅是知道该怎样倾听和做出回应这么简单。它还意味着我们知道应该在什么时候进行沟通，这才是高情商的表现。在很多情况下，谈话的时机很重要，也的确有好坏之分。人们会在某些时候更开放，也更愿意倾听和交流。如果你感到不确定，那么就先问一声："现在谈这件事，合适吗？"

💙 精彩案例

乔治和埃塔已经结婚六年了。每周一到周五，乔治都会在家照顾两个孩子，而埃塔则在临终关怀中心上班。埃塔从单位回到家的时候，乔治可能一整天都没有跟成年人讲过话了，因此他很想和埃塔交流。但是埃塔却需要一点时间忘掉一天的工作劳累，也需要时间陪孩子玩。乔治已经发现，和妻子谈话的最佳时间不是她回到家后的第一个小时。当埃塔给孩子们洗完澡，哄他们上床睡觉之后，在她和乔治共进晚餐时，她更愿意听他讲话。

我们需要了解人们在什么时候对于谈话和倾听的接受度最高，也要注意人们在什么时候需要暂停和休息。如果谈话变得过于激烈，或者有人正处于困惑、疲倦或需要时间去反应的状态，那么就一定要提议暂停，稍后再重新开始。

向他人提问

有时，即使对方没有直接说出来，你也能够从对方的肢体语言中看出他们对谈话似乎心不在焉，比如一脸茫然的表情。还有时，你无法确定对方是否处在最佳的交流状态，在这种情况下，你最好不要继续喋喋不休，而是要先停顿一下，问问对方："你觉得呢？"或者"你怎么看？"

如果他们一脸茫然，那么你可以重复你的问题，并且把你们正在讨论的具体内容补充到问题中去："你怎么看待这件事，人体器官捐赠变成强制性的这件事？"或者"自从母亲从医院回到家，我就一直很担心她。你对她的情况有什么想法？"

当你向某人询问他们的感受时，正是这种对自身感受进行思考的行动改变了感受。

——普拉迪普（A.K. Pradeep），

《观察者》（*Observer*）

💙 **精彩提示**

就人们的想法和感受提出问题，比如，先问："你对这件事有什么想法？"然后再问："你的感受呢？"

询问人们的想法和询问人们的感受，是两件不同的事情。请记住，情绪是由想法和感受组成的。如果你能够从想法和感受两方面来提问，很多时候这会对你和被询问者都有帮助。

比如——

你：你怎么看把妈妈送到养老院这件事？

你哥哥：我觉得这是目前唯一的选择，妈妈已经不能独立生活了。

你：你对这件事的感觉呢？

你哥哥：难过。我很难过，因为妈妈要离开陪伴我们长大的家了。另外，如果能找到一家离我近一点的养老院，我会感觉好一些。她在那里生活会更安全，我还能经常去探望她，那我就会很放心。

💙 **精彩总结**

- 同理心是管理他人情绪的高情商做法。

- 同理心意味着你愿意付出努力，理解他人的处境、观点、想法和感受，并据此做出回应。

- 同理心始于对他人的倾听，不仅要听到他人说话的内容，还要听到那些没有说出来的非言语信息。

- 倾听包括接纳和肯定他人正在表达的想法和感受。

- 辅助式倾听的目的在于帮助对方表达自己，它涉及提出问题和澄清疑惑。

- 管理他人的感受和情绪，仅倾听还不够，你还需要知道在什么时候做出什么回应。

Understanding

    Emotional

        Intelligence

第二部分

放任情绪与
内核稳定的互搏策略

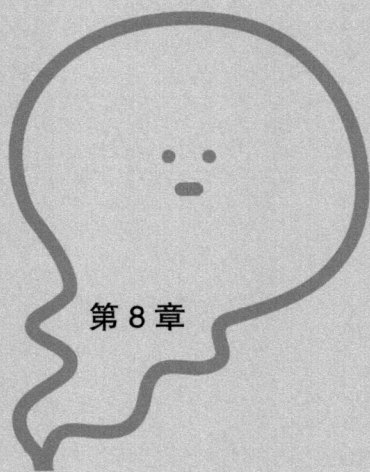

第 8 章

说服不是强迫，影响并非命令

　　无论你是想说服丈夫打扫卫生间，还是想说服十几岁的儿子跟你一起出门，或者是想说服你的同事修改项目方案，你都必须遵循几项关键的情商原则。

精彩案例

　　玛塞拉是某社区居委会的成员。当地的教会组织正在出售维多利亚时代的教堂，居委会希望通过购买股票的方式，集资为社区买下这座老建筑。但是玛塞拉不认为这是最好的办法，因为她不确定是否会有足够多的居民出资购买股份，而且整修教堂显然需要更多的钱。玛塞勒想到了一个更可行的办法，但是她必须先说服居委会的其他成员！

说服的具体案例解析：了解自己的意愿，提出建议

　　我们应该从哪里入手呢？如果你想赢得人心，不妨参考以

下策略。

1. 明确自己想要表达的信息。自己先想清楚，你到底想要说服人们做什么。你要区别个人需求和个人利益：个人需求是你不能妥协的关键，个人利益则是可以做出让步的方面。另外，别忘了个人感受：你有什么感觉？你需要解释一下你对这件事的感觉吗？说服他人需要带有感情色彩，但是不能被感情所左右。让自己的表达简单明了，不要重复和啰唆。能够成功说服他人的人，总是会让自己的表达易于理解。

2. 问问你自己，根据你对他人的了解，有什么能够帮助你引起他人的关注？他们对于这个问题或状况感受如何？他们有什么利益和需求？社区居委会的其他成员希望能够拥有使用教堂的权利，以便继续在那里组织社区活动。所以玛塞拉给了确保组织社区活动场所的其他建议，并认为这意味着他们不必拥有这座老教堂。

3. 选择一个对方最容易做出积极反应的好时机，以便说服对方。玛塞拉知道近期将就教堂翻新的维护成本问题举行讨论会。她会等到那个时候，再提出自己的建议。

4. 强调积极的方面。在说服别人做某事时，你可以告诉他们做这件事对他们有什么好处。保持真实而诚恳非常重要，千万不要让人觉得你比他们更聪明，或者懂得更多。端正的态度肯定有助于沟通，这样人们才不会一边听你讲话，一边认为你是在把自己的观点强加给他们。玛塞拉承认她不清楚一座新教堂的建造成本，她提议向建筑师咨询重建教堂所需的费用。

5. 要指出如果不采纳你的建议而可能出现的后果。但是，不要在人们没有听从你的建议时，使用情绪化的攻击、威胁或惩罚。

6. 运用同理心。预先设想一下可能会有哪些反对意见、担心和顾虑，并考虑相应的对策。你可以通过换位思考的方法，想象一下对方会有哪些不同意见。玛塞拉想到，有些人会强调这座教堂的重要历史意义，所以它应该被保留下来（虽然它并没有被政府列为历史文化保护单位）。对此她想到的答复是，指出教堂已非常老旧，维修成本或许会很高，或许也没有居民愿意出资购买，这最终仍会让教堂处于年久失修的状态。她还指出，当初建造这座教堂，是为了满足 150 年前的人们的需要，"我们现在需要的，是一座可以满足 21 世纪的社区居民需求的活动场所。"

你要试着成为一名优秀的倾听者，将对方的观点纳入自己的考虑范围内。当人们感到被认可、被理解和被欣赏时，他们会更加具有合作的意愿。

7. 学会谈判，知道什么时候做出让步。

8. 提出问题，人们需要被怎样激励？运用逻辑推理来讨论克服障碍的途径。

9. 使用积极的而不是消极的语言。比如，"你这样不对"很容易激起他人的抵触情绪。如果你想告诉他人自己的不同观点，你其实可以这样说："对于你的想法或感受，我是这样理解的……（具体描述对方的想法或感受）而我是这样考虑的……（说明自己的想法或感受）"，或者这样说："我同意你关于这件事的这些看法……（具体描述对方的看法）但你是否考虑到了……（提出自己的补充看法）"

10. 不仅要听他人说出来的话，也要听没有被他人说出来的潜台词，并注意自己的非语言沟通。使用开放和鼓励性的肢体语言，而不是自我保护或者自我封闭的肢体语言。

11. 假如有人支持你的建议，要给予感谢，但不要大肆宣扬自己赢得了支持。

12. 知道何时收手，何时放弃说服对方。如果未能达成协议，那么就去考虑其他选择。

那些看起来是被他人说服而改变意愿的人们，其内心原本就有那些意愿。

—— 塞缪尔·巴特勒（Samuel Butler）

说服他人之前，先了解自己的意愿。同时也要牢记，说服只能通过提出建议而不是提出要求来实现。当然，你可以通过下达命令或者操纵他人来达到目的，强迫人们采纳只对你有效及符合你的利益的方式，但那不是说服。那样的做法，可能让你在短期内成功地达到目的，但你不会赢得长久的支持。

♡ 精彩总结

- 明确而具体地知道自己到底想说服别人做什么。

- 根据你所了解的他人的情况，思考他们对于某件事或某个情况的感受是什么。

- 选择一个对方最容易做出积极反应的好时机，以便说服对方。

- 抱着积极的心态沟通，不要盛气凌人或者威胁，甚至藐视对方。

- 做一个优秀的倾听者，倾听并说出人们的不同意见和顾虑。

- 准备好谈判的要点和折中方案。

- 注意非语言沟通。

- 知道应该何时放弃。在不能达成协议的情况下，准备新的备选方案。

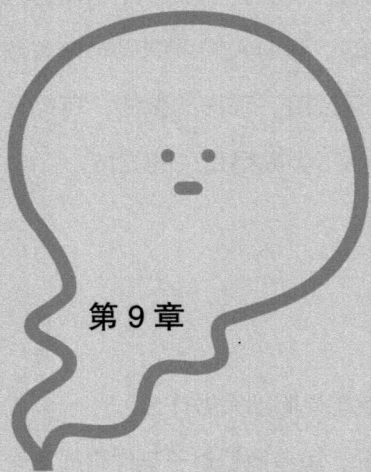

第 9 章

展示信任是高情商的表现

一天只有 24 个小时。无论你多么勤奋，一个人一天只能完成有限的工作。无论是在单位还是在家里，如果你凡事都要亲力亲为，那么你一定会感到压力十足、时间紧张、不满和烦躁。正因为如此，委托他人就成为一项重要的技能。把事情交给别人去做并非是一件令人羞耻的事，所以放下你的自尊和面子，尊重他人所付出的知识和经验。

♡ 精彩案例

格雷格有一家属于自己的移民咨询公司。他总是忙得不可开交，总有急需处理的事情，他显然需要帮助。于是格雷格让詹娜帮他打几个电话，收集一些他需要的信息。但那时詹娜的眼睛正盯着自己电脑屏幕上的那些表格，头也不抬地顺口答道："哦，没问题。"

下午，当格雷格向詹娜询问那些信息时，詹娜却一脸茫然地说她忘记打电话了。格雷格命令詹娜放下手头的工作，立刻去打电话。詹娜打了电话，却没有得到格雷格需要的全部信息。最终，他还是不得不自己打了两通电话。

问题出在哪里呢？格雷格就像大多数人一样，在向他人委托工作时，给人的感觉却是把工作扔给了对方。在詹娜眼里，格雷格不是在请她帮忙，而是直接把一份工作塞给了她。更何况，那不是她擅长的工作，而且她自己当时也很忙。

不要假借委托之名进行推诿！

若工作委派得不好，很可能会导致事倍功半。等到下次再需要委派工作时，你就会告诉自己，与其向别人解释，还不如亲自动手，这更简单也更快速。然而事实并非如此！只需要一点点时间和精力，你就能够让他人帮你完成任务。

将工作委派给能够胜任的人

委派工作时，最佳人选应该是拥有相关经验、知识和技能的人。对于那些不熟悉这份工作的人，除非你有充足的时间告诉他们应该怎么做，或者为他们提供培训，否则就只能给他们安排适合他们的技能和专长的工作。

格雷格没有考虑到，打电话这件事是否充分利用了詹娜的时间和技能。他也没有想到她会对此感到不满。

詹娜真正擅长的是把信息录入电子表格。因此，在下一次委派工作时，格雷格没有再让詹娜打电话，而是让詹娜把他收集来的信息做成电子表格。因为詹娜被委派的工作是她擅长的工作，所以她很乐意效劳。

委派工作时，你还要考虑他人现有的工作量。考虑一下他们有没有时间承担额外的工作？你给他们委派的任务会影响他们当前的工作进度吗？如果有影响，那么他们会有什么想法和感受？他们会有哪些顾虑？你不妨直接问问他们，包括委派过程中所涉及的每一个人。鼓励人们参与其中，让他们决定哪些任务可以委派给他们以及什么时候最合适。

清楚地定义需要被完成的工作或任务

能够成功地委派工作的人，很清楚自己需要的是什么。他们做出的安排一目了然，让那些接受任务的人明白自己需要做什么、怎么做，什么时候做。以结果为出发点，向人们解释你需要得到什么结果。告诉他们你的需要并倾听他们的反馈。注意人们的肢体语言——你能够从中得到哪些关于感受的信息？

格雷格意识到，最有效的委派工作的方法就是先说出自己的需求，并通过电子邮件将具体细节和要求发送给对方，这样一来詹娜就能够清晰地了解格雷格需要她做些什么了。

激励他人

说明这项工作的益处，解释这项工作对于对方的意义，用最有吸引力的方式进行沟通，这些都是激励他人的做法。例如，格雷格对詹娜说"我需要你替我做件事"，这句话听起来就远不如下面这句话更有激励效果："如果你能帮我做这件事，我今天就能给客户答复，那么这位客户将来就会给我们更多的机会。这对于你我的工作都有好处。"

最重要的是要有积极和真诚的态度，不要给对方施加压力！更不要采用低级的威胁手段来操控别人，比如，绝不要说："如果这件事完不成，那么咱们都不会有好日子过。"

后续跟进

在委派完工作之后，要随时关心工作的进展情况，以及他人是否需要进一步的支持或帮助。你随时可以回答他们的问题，但是不要插手具体事务。关注工作的最终结果，而不是工作进程中的每一个具体细节。你的做法不见得就是唯一的或者最好的做法！

> 允许人们用自己的方式开展工作，这能够给人以信任感。

　　千万不要忘记表达你的谢意，这可以让人们知道你认可他们的付出，下一次将会更愿意给你提供帮助。

　　选择适合交付给他人的工作，采用恰当的方式，交给恰当的人，这样委派工作才更有效果。如此一来，你将能够完成更多的工作，充分地利用你和他人的时间，发挥彼此的特长，并且减轻自己的工作量和工作压力。这才是高情商的做法！

精彩总结

- 选择适合委派给他人的工作，选择能够胜任工作的人。

- 让他人明白他们需要做什么、如何做以及何时做。

- 提供必要的支持。

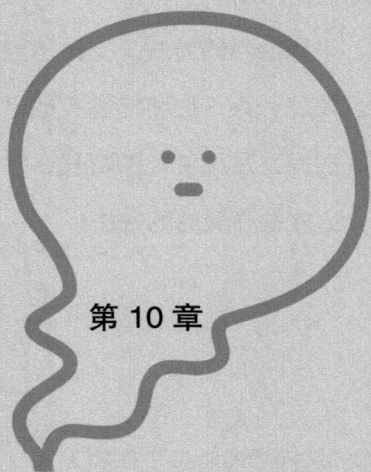

第 10 章

失去是一种得到

我们必须接受失望，因为失望是有限的；但千万不可失去希望，因为希望是无限的。

——马丁·路德·金（Martin Luther King）

假设你有一位老朋友，你们常见面或者打电话聊天，但你察觉你们之间的共同话题越来越少，你们似乎已没有什么话可说。她自 5 年前离婚，就经常抱怨，变得越来越消极，她的负面情绪让你感到难以应付。你是选择继续和她保持联系，还是让这份友谊悄然褪色呢？

或者，假设你被提升到某个职位，但工作几个月之后，你越来越感到这份工作"不适合自己"。你会选择回到从前的工作岗位（如果可能的话），接手一个新项目，还是会选择继续做这份看起来更体面、工资也更高的工作呢？

又或者，你报名参加一个健身课程。上了两节课后，你发现这是一个错误的决定，你再也不想去上课了。你会继续强迫自己每周都去上健身课吗？

无论是因为什么，也无论我们是在一个月、一年或者人到中年之后才意识到自己的失望或者不开心，我们似乎都很难在遇到这些情况时，果断地抛弃那些对我们不利的东西，然后重新开始。这是为什么呢？

其中一个重要原因是，我们一直在考虑自己可能会失去什么，比如，我们已经付出的时间、精力、感情和金钱等。一旦我们选择离去，这一切都将付之东流。

这些所谓的"沉没成本"会误导我们，让我们继续沉湎于那些我们本应终止的事情。于是，我们继续为某人或某事投入更多的时间、精力和金钱，即使这样做明明对我们毫无益处。

当我们的努力让我们停滞不前时，高情商的人能够意识到这一点。下面就让我们来看一看，怎样及时摆脱无益的现状并做出改变。

不要纠结于过去吃的苦都白费了的想法

你是否感到后悔？对事情的结局感到失望？不要因为纠结于过去吃的苦都白费了的想法，而让自己继续痛苦！做一件事的确需要理由，但是理由并不是做决定的唯一依据。相反，聪明地运用你的情感，为自己的下一步行动做出明智的选择。

关注得到，而非失去

想要摆脱现状并做出改变，最好也最容易的做法就是发现并关注你将因此而得到什么，而不是你将因此而失去什么。

当然，终止一段友情会让人感到难过。不过，你可以让自己多想想不再跟她交往之后的轻松感。另外，你也会有更多的时间与积极正向的朋友交往。

在很多情况下，我们的确不应过早地选择放弃。为了实现自己的心愿，有时候我们需要克服暂时的困难或不适应的感觉。但是，如果你总是有一种不好的感觉，那么你就应该注意了！

是的，承认新的工作岗位并非如你所愿，这的确让人心有不甘。但是再想一想，重返原来的岗位，与自己喜欢的老同事们一起工作，投入你感兴趣的新项目，你会有多开心。这样一来，选择放手立马就变得容易多了。

同样，你或许已经预付了健身课的费用，但是如果你不再逼着自己去上健身课，而是去做一些你喜欢的但不用花钱的运动，比如，骑自行车或散步等，你会意识到这是多么省钱的健身方式！而且，这次你终于说服了自己：今后，无论朋友再怎样推荐，你都不会选择任何形式的健身课程了。

如果你能够看到摆脱困境对于自己的好处，并且把自己的关注点放在这些好的方面上，你不仅更容易接受损失，而且还能看到新的机会，同时也更能相信自己是在做出正确的选择。

知道自己过去的选择是正确的

不管你已经对一件事忍耐了多久，你总是能够从中发现一些好的方面。至少，这让你对自己有了更多的了解。比如，你会怀念你们在年轻的时候一起经历过的旅行与冒险。这些经历很棒！没有什么能够改变过去。

无论你坚持的是什么，都问问自己为什么？是因为到最后你真的能得到什么吗？还是因为你不想让自己投入的时间、精力和金钱白白地浪费掉？如果是后者，不妨让自己多关注放手后能够得到什么，然后向前走！

精彩总结

- 过多地考虑自己将会失去的会误导我们，让我们继续沉湎于那些我们本应终止的事情。

- 认识到自己在过去做出的选择是正确的。

- 将注意力集中在你摆脱现状后，将会得到什么，而不是失去什么。

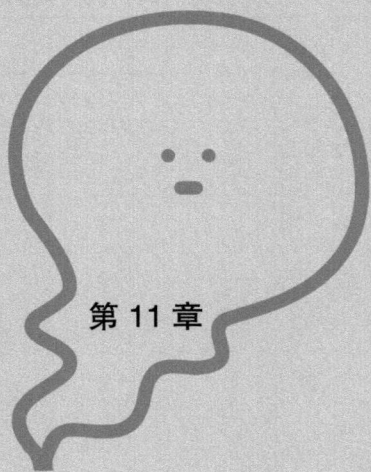

第 11 章

与自己不喜欢的人相处

你必须与自己不喜欢的人相处吗？这位经常惹恼你的人是同事还是家人？管住自己的情绪，保持举止得体，是不是让你觉得很吃力？告诉你一个好消息，这不难做到！

♡ 精彩案例

尽管丹妮非常期待母亲的 70 岁生日聚会，但她同时因为要见到姐夫罗斯而感到焦虑。他经常让丹妮感到难堪，而且他似乎很喜欢这样做。比如，上个月全家人聚餐时，罗斯公开反驳丹妮的观点和看法。上周在电话里，罗斯否定了丹妮给母亲的礼物的提议。

如果丹妮因罗斯的话而不高兴，罗斯只会一笑了之，或者责备她过于敏感（这其实是典型的被动型攻击行为，也就是说，罗斯通过责备他人来逃避自己的行为责任，这是一种隐秘且具有操纵性的非善意行为）。尽管丹妮不喜欢罗斯，但是她不敢直接面对他。她担心自己会完全失控，对他大发雷霆，让一家人都不高兴。

遇到这样的情况，一个人很容易产生无力感。你可能会觉得，面对有这种行为表现的人你只能选择容忍。但是，尽管你感到恐惧和担心，你也可以让自己把注意力放到其他人身上，而不是去担心自己感到多么恐惧或焦虑。

用肢体语言提升把控感

💙 **精彩提示**

在你开口说话之前，先检查自己的肢体语言。你或许还记得，坐姿和站姿真的能够影响你的大脑功能。让自己充满自信，几分钟之后你的身体就会开始有感觉，你的大脑也会开始相信你很自信。

即便你感到害怕时，你也可以表现出那些你还没有体验到的情绪。只需改变自己的姿态，你就能够对自己的感受产生积极的影响。确保你的大脑收到正确的信号，这完全取决于你。若你想要更有把控感和自信，就不仅要让自己显得自信，还要真切地让自己感受到自信。你只需从下面的这些做法中，选择两三项来实践即可。

- 笔直地坐着或者站着。

- 保持头部处于水平状态。

- 肩膀放松，不要耸肩。

- 双脚着地，将体重平均分配到两条腿上。

- 坐着的时候，把胳膊搭在椅子的扶手上（而不是让双臂紧贴在身体两侧）。

- 保持适当的眼神交流。

- 降低音调。

- 放慢语速。

如果你能够一直坚持上面的一两种做法，那么你的思维、感觉以及其他非语言表达也会随之改变。在这个动态的变化过程中，身体的细微调整能够被累积成感觉和行为上的巨大变化，你对他人的影响也会因此而发生很大的变化。

从自身感受出发

怎样应对这样的人呢？你可以这样开始，比如，"麻烦你再说一遍，我不太清楚你的意思是什么。"这个做法很有效，因为它把注意力转向对方和他们的意图，也能够给你一点时间来梳理自己。

想清楚他们的评价带给你的感受，比如，感到尴尬、受辱、挫败、受伤还是焦虑？

一旦清楚了自己的感觉，你就可以让他们知道你的感受了。在描述自己的情绪时，用"我感到……"而不是"你让我……"作为句子的开头。比如，当你说"你让我很尴尬"时，你是在为自己的情绪而责备他人。不过，当你说"我听到你这么说，我觉得很尴尬"时，你则是在为自己的情绪负责任。这时候，没有人能够再否定你的感受，因为他们不可能对你说："不对，你不会感到尴尬。"

克服想要退让、争吵或生气的冲动。直视对方的眼睛，仅此而已。

我们回到刚才丹妮和罗斯的故事中，在丹妮母亲的生日聚会上，罗斯果然又开始大肆评论丹妮，他说："哦，丹妮，你去年和史蒂夫离婚，这太遗憾了。现在你不得不一个人来参加你妈妈的生日宴会，不知道她会不会很失望。"

丹妮调整了一下自己的姿势，挺起胸膛，笔直地站着，然后她直视罗斯的眼睛，微笑着说："我不太理解你的意思。你能不能告诉我，你到底想要说什么？"罗斯说："噢，算了吧。你当然知道我在说什么！"

"不，"丹妮说，"我不知道你说的是什么意思。其实，我觉得有些困惑，还有一点尴尬。"她坦然地面对他的目光，微笑着说："就这样，我得去跟我哥哥聊聊了，再见。"

这么做的结果是什么呢？丹妮面对了自己的恐惧和厌烦的人（罗斯）。她也说出了自己的感觉，而且表现得体，把握了局面。

尽管我们不可能从生活中将自己不喜欢的人完全清除，但至少可以努力让自己不要在情感上受到他们的控制。根据自己的行为表现来衡量自己的人际交往是否成功。即使对方不接受你的影响，不会做出改变，你也还是能够选择转身离开，并且主动出击，这就是高情商的做法！

精彩总结

- 尽管你感到恐惧和担心，你也可以让自己把注意力放到其他人身上，而不是去担心自己感到多么恐惧或焦虑。

- 无须争吵、责备、退缩或是生气，你只需笔直地坐着或站着，看着对方的眼睛，让对方知道你此时此刻的感受即可。

- 获得控制权，改变话题，将注意力转移到其他的人或事上。

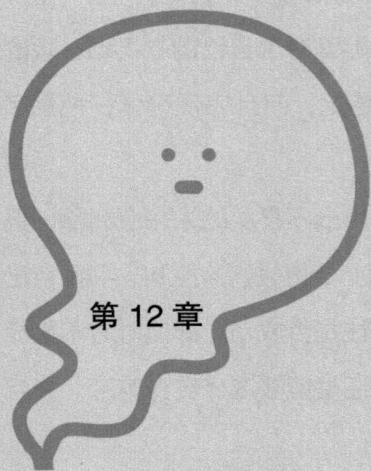

第 12 章

现代人的发疯攻略

每个人都会生气，这很正常。但是要在正确的时间、用正确的方式、出于正确的目的、对正确的人生气，这可不是每个人都能做到的事，这并不容易。

——亚里士多德（Aristotle）

愤怒让我一路前行。少了它，我将不再完整。

——多琳·劳伦斯（Doreen Lawrence）

生气是不对的吗？不是。生气是一种正常的情绪表现，是当人感到受委屈、被冒犯、被威胁或者遭受攻击时的自然反应。尽管如此，没有人愿意生气，因为生气是一种令人愤怒的情绪体验，还可能导致具有破坏性的暴力行为。

之所以会这样，是因为当人感到生气时，身体的紧张程度会不断增加。当人发火的时候，这种紧张会得到释放。让自己减压本身是件好事，只要这种压力释放是以相对安全的方式通过行动或语言实现的，它就有助于使人保持身心平衡。但是，如果你压抑愤怒，那么紧张情绪中包含的能量就会向内累积，对生理和心理状况造成负面影响。

精彩总结：有关生气的行为和信念

我们的成长经历让我们相信，生气是"不好的"或者是"错误的"。

小时候，当我们表现出愤怒和不满时，很可能会被训斥，甚至被惩罚。或者，我们曾被自己发脾气时所爆发出来的力量给吓住了。你是否已经学会了压抑和否定自己的愤怒呢？

另外，如果在你成长的家庭环境里，表现出愤怒是一件很正常的事，那么在别人眼里你可能会被认为是不会控制自己的情绪。

我的朋友辛迪曾这样告诉我："在我家，从来没人大喊大叫或者生气地扔东西。有时，我反而希望他们能够这样做，但他们只是说一些刻薄的话、生闷气，或者几星期都不理别人。"

在你的家庭中，人们怎样管理愤怒的情绪？谁会生气，他们生气时有什么表现？如果没人表现出愤怒，那么他们会怎样处理怨恨和争议？

这些从小养成的关于生气的看法，现在对你有怎样的影响？你还相信这些看法吗？你生气时有怎样的行为表现呢？你习惯于克制自己，还是让自己爆发？

如果你想要更好地应对愤怒的情绪，那么就试试下面这些建议吧。

暂停有利于清醒思考

如果你的愤怒已经到了极点，那么就需要释放一些情绪，这会减少失控的风险，也能够让自己把问题想得更清楚。所以，当你开始生气时，不妨停下来问问自己："我是不是已经被气得没办法思考了？"或者，"我是不是太生气了，甚至想要骂人或动手打人来发泄一下？"

如果回答是肯定的，而且你在生别人的气，那么就告诉他们你非常生气，现在没法继续交流。无论你是不是在跟别人生气，让自己暂停一下，出去走走。如果你需要发泄，那么就选择不会吓着别人的方式，比如，拍打枕头，或者独自一人大哭、大喊、尖叫、骂人等。

💙 **精彩提示**

呼吸

生气具有明显的生理反应特点：心跳加快、呼吸急促、肌肉紧张等。减慢呼吸有助于将心率降低到正常水平，也有助于你恢复平静。所以，你可以先屏住呼吸 5 秒钟（以便"重新设置"呼吸频率），然后慢慢地吸气 3 秒，接着以更慢的速度呼气，并且多次重复这样的呼吸方法。请注意，缓慢的呼吸方式有助于平复人的情绪。

思考

即使在生气的时候，如果真的需要思考问题，那么你也能够调动你的思维大脑。你可以让自己默背字母表，或者从 20 开始倒着数数，甚至回忆你昨天晚饭吃了些什么，这些都是启动"思考脑"的方法。试试看，这些做法很有效。

坚定自信

当你觉得自己可以清醒地思考问题时，你可以考虑一下，你想要说什么，希望事态如何发展。以坚定而自信的做法，而不是使用主动或被动攻击性的语言表达自己的愤怒，这才是高情商的做法。

坚定自信的做法包括：

- 为自己的情绪负责任，而不是指责他人；
- 简洁明了地告诉别人你的感受以及为什么有这种感受，不要东拉西扯或者大喊大叫；
- 倾听他人的反馈，并保持开放的心态；
- 设定界限和限制：你想要的是什么，不能接受的是什么；
- 知道何时做出让步，进行协商，何时坚持立场，毫不动摇；
- 做好准备，接受表达情绪的后果。

♡ **精彩案例**

从十年前上大学时开始，乔和马丁就一直是好朋友。马丁在某个周末来看望乔。周六晚上，他们一起在当地的一家小酒馆吃晚饭。马丁喝多了，并且借晚餐不合心意而大发雷霆。他表现粗鲁，先对服务员一通羞辱，后来又冒犯了餐厅老板。而餐厅老板是乔的朋友，乔因为马丁的行为而感到非常生气。

在他们离开小酒馆后，马丁开始为自己的行为找借口，但是乔说他现在不想讨论这件事。回到家后，乔告诉马丁他先去睡觉了。

第二天早上，乔考虑了自己的感觉以及他想对马丁说的话。他们面对面坐在厨房的餐桌旁，乔对马丁说："马丁，我昨天晚上你在酒馆里对人说话的方式让我感到很生气。你当时很粗鲁，说的话很难听。后来就那么不了了之，我觉得很不舒服。"马丁表示，他很抱歉，但是他当时喝醉了，也不是有意那么粗鲁无礼，而且他并不认为事情有那么严重。马丁说："不管怎么说，那家酒馆的饭菜和服务水准确实很差劲。"马丁说话的时候，乔一直在听，他认可马丁的话，但是也同样坚持自己的观点。他说："是的，他们的饭菜和服务确实不是一流的。但是，我认为你的行为很不礼貌。尽管你可能不这样看，不过我还是希望你能够向酒馆的工作人员赔礼道歉。"

- **注意生气的苗头**。只有你最清楚自己生气时的危险信号。所以，要学会在情绪出现之前，就意识到身体的情绪信号。

- **选择交流的时机**。当人们不太会被分心，而且更有可能听你讲话的时候，再跟他们进行交谈。找一个适合谈话的场所，让彼此都感到平等和重要。在交谈时，坐在同样高度的椅子上，或者大家都站着。

- **说出你的感受**。一旦想好了自己要说的话，就尽快和对方交谈，不要拖延太久。不要因为想得太久而导致愤怒升级。

- **具体明确**。你可以说"我对你生气，是因为……"这能够避免责备对方，并表现出你在为自己的情绪负责任。那么，对方也就不太可能会有被攻击的感觉。

- **倾听对方的回答，尽可能理解他们的观点**。你想得到怎样的关注和尊重，就用怎样的方式对待他人。

- **设定谈话的界限和限制**。向对方解释清楚你下一步会做什么、你想要的是什么、你今后不愿看到的是什么。

在乔和马丁的例子里，如果马丁同意向酒馆的工作人员道歉，那么乔会感谢马丁接纳他的意见，并且决定马丁再来访时不再外出用餐。

但是，如果马丁拒绝道歉，那么乔可以选择一个折中的办法，对马丁说："好吧，但是你要保证，以后我们一起外出的时候，你不能再那样做。"但是，如果乔决定坚持自己的立场，那么他就需要想清楚，马丁不同意他的道歉提议时他又该怎么办：不再邀请马丁来自己家，还是减少跟马丁见面的次数呢？

愤怒的作用在于解决问题，不是终止关系。当事情需要改变时，愤怒不仅可以让你知道这一点，而且赋予了你做出改变所必需的力量。

当然，你不一定总是有机会让人知道你很生气。很多人都会在开车时遇到驾驶技术很差的人，对于这种情况，你可能会很生气，但是我并不建议你紧随其后，并在停车时冲着那位司机发火。那么，你还能做些什么来舒缓自己的情绪呢？

再重复一遍，你的情绪你负责。所以，你可以说"我被气疯了"，而不要说"她开车太差劲，气死我了"。

当你无法把自己的感受告诉对方时，你依然能够让自己的内心平静下来。这时你需要管理自己的内在反应，一步步地降低心率，平静下来，让情绪慢慢消退。处理情绪的方法有很多，而选择在你自己手里。

假如你因为情绪过于激动而不能继续开车，那么就先找一个安全的地方停车，然后大吼、尖叫或者干脆骂人；把车停在商场或咖啡店旁边，去买一杯饮料，或者下车散散步。你还可以给朋友打电话，把这件事告诉他们，告诉他们你有多生气。或者听音乐，比如放一些重金属摇滚乐，跟着音乐大声歌唱，以此释放怒气；你也可以播放一些舒缓柔和的音乐，这有助于自己恢复平静。

还有一个办法，就是换一个场景。你可以假设这件事不是发生在现实生活中，而是在电脑赛车游戏里，那么，这件事是会激怒你，还是会被你看作是一次成功运用游戏技巧的闯关呢？此时的你就可以祝贺自己成功地躲过了一个大麻烦。

他人愤怒情绪的背后是他们的期望

我们在受委屈、被冒犯、被威胁或者遭受攻击时，会感到生气。同样，你对某件事的预期和看法，或者你认为的"应该"的事情，与实际情况有差异时，你也会感到生气。生气的人认为这些差异是负面的。比如，乔期望马丁举止文明。当马丁的举止是乔既不期望也不喜欢的样子时，乔就会很生气。那些在路上很容易被激怒的人认为每个人都应当谨慎而专注地驾驶，当现实不符合他们

> 应对他人的愤怒情绪的关键是从理解他们的期望开始的。

的想法时，他们就会被激怒！那么他们的想法不现实吗？

应对他人的愤怒情绪的关键是从理解他们的期望开始的。要做到这一点，你就需要运用倾听的技巧和坚定自信的行事方式。

一个人生气的时候，因为被怒火冲昏了头脑而容易变得不理智和不讲道理。所以，面对一个生气的人时，你其实是在跟他的情绪打交道，而不是在跟他本人打交道。情绪在你们之间筑起了一堵高墙。

如果在某个时刻，对方的愤怒开始让你感到困惑或者害怕，那么你就应该建议暂停一下。你可以说："我知道你对这一切感到火冒三丈，但我现在脑子里一片混乱，咱们先暂停一下，过 10 分钟再接着谈如何？"

先倾听，后提问

因为生气的人需要疏通情绪，所以在他们发泄完之前，先不要说什么，先认可他们的说法，不要因为需要做出解释或者持有不同的意见而打断他们。因为当你反对他们时，你就是在火上浇油。

注意自己的肢体语言，这不是一件容易的事，但还是请尽量多关注这些能够帮助你把握情绪的事情。

- 笔直地坐着或者站着；

- 保持头部的水平状态；

- 肩膀放松；

- 将身体的重量均匀分布于两腿上。

向对方做出答复时，降低音调，放慢语速。首先，重复对方提到的主要观点或看法，比如："好，你刚才说，你不喜欢（某种情况）……"然后，问问对方下一步想要的是什么。比如："你希望我做什么？"或者"你打算怎么处理这种情况？"

然后说出你的感受和你对于目前情况的看法。你可能不认同对方的立场和他们期望的结果，但是，你可以同意他们的出发点。如果你是他们生气的对象，那么就选择道歉，并同时说明你能够做的是什么，以挽回局面。

无论如何，通过运用倾听的技巧，你展示出严肃认真的态度，而且你让局面得到缓和。还有，学会管理他人的情绪，其实就是学会管理我们内在的情绪。

精彩总结

- 只有你自己知道愤怒正在出现，所以注意身体发出的警报。

- 选择暂停。给自己时间，让自己想清楚。但也别想得太久，以免怒气上升。

- 保持内心平静。减缓心率，让自己冷静下来，舒缓强烈的情绪。

- 动脑子。即使在生气的时候，如有必要，你也可以调动负责思考的智慧脑。

- 改换场景。有没有其他更有效的思考问题的方法？

- 用坚定自信的方式表达自己的愤怒情绪，具体说明你生气的原因、你想要做什么和不想看到什么情况。倾听他人的回复，用你希望被尊重的方式向他人表示尊重。

- 当你面对生气的人时，要明白他们很容易变得不理智和不讲道理，因为怒火会冲昏头脑。

- 先倾听，后提问。

- 如果某个人异常愤怒，让人感到困惑或者害怕，那么就提议先暂停一下。

- 当你做出答复时，降低声调，放慢语速。

第 13 章

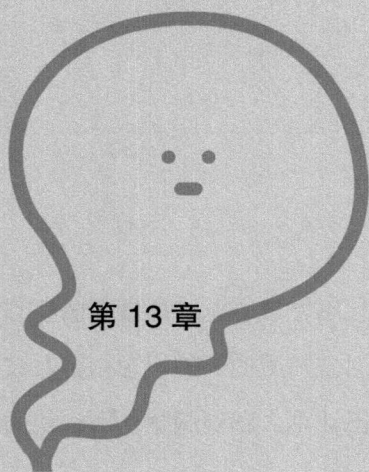

配得感是现代人都应具备的美德

向他人表示称赞和感谢

给予称赞和表扬，表达谢意和感恩之心，这都是高情商的行为。为什么呢？因为这不仅让对方知道他们的行为和努力被他人关注，而且如果他们知道自己让别人感到满意，那么他们自己也会很开心。

不要因为担心自己词不达意而什么都不说。只要是发自内心的表白，就算是有点别扭，也比什么都不说好。而且，你的肢体语言、说话的语气和面部表情，都能够让人看到你的赞扬或感激是诚心诚意的。

> 真挚的谢意，就算是说得有点别扭，也比什么都不说要好得多。

下面的这几个步骤能够助你一臂之力。

* 明确称赞或感谢的原因

最受欢迎的赞赏通常是最具体的那种，因为这会让人觉得你的确注意到了他们。比如：

"我想对您说声谢谢，您真是一位热心助人的好老师。"

"你获得了奖金，太棒了！"

* 肯定个人品质或特殊表现

比如：

"你很擅长解释复杂的概念。"

"你简直就是撰写投标文件的天才。"

* 描述他们的行为带给你的感受

当我们知道自己让他人感到满意的时候，我们自己也会很高兴。所以，如果他人的帮助带给你好的感觉，请一定要让他们知道。

把你的情绪说出来。有很多词语能够表达我们的感激之情，比如荣幸、激动、惊喜、开心、欢喜、兴奋、满意、感谢、安心、狂喜、高兴等。

"是你让我对自己的论文写作能力更有信心。我真的太开心了。"

当你告诉别人他们对你产生了积极的影响时，他们会由于自己的行动赋予你的积极影响而感到高兴，并受到鼓舞。

* 表达谢意

"谢谢。"

"非常感激。"

请注意，尽管在某些群体或文化中，婉言谢绝别人的赞美是有礼貌的表现，有些人也会因此而拒绝赞扬，但是不要只看到这一点，在这种情况下，你也可以用微笑来表达谢意。

* 再前进一步：书面表达你的感谢

在适当的时候，用信件、贺卡或电子邮件表达你的谢意。这不仅可以让人看到你的诚意，也可以给帮助过你的人一份可以长久保留的赞美之情。

💙 **精彩提示**

公开表扬，私下劝诫。

接受他人的称赞和感谢

有些人在被称赞和感谢时会感到不自在，这通常都是因为受到关注而感觉不好意思。

但是，大方地接受别人的赞扬，是在告诉对方你很感激他们关于你的看法。接受他人的赞赏，这个行为本身也是一种赞赏，因为这表明你信任和感激他人对你的评价和看法。

关注接受赞扬这件事，而不是赞扬的具体内容。这能够帮助你接纳赞扬，并就他人给予你的赞扬而表示感激。

假设某人送给你一份小礼物，你会怎么回复？你很可能会说"谢谢你"。接受赞美就好比接受一份小礼物，你只需要说声"谢谢你"，这样既礼貌又大方。如果还想多说几句，那么千万不要说"那不算什么"，而是要多说几句更加阳光的话。

- "这么好，谢谢你！"
- "这是我今天（本周或很久以来）听到的最棒的话。谢谢你！"
- "感谢你告诉我这些！"
- "谢谢你！听到这些，我很高兴。"
- "谢谢！我也感到十分荣幸。"

倘若你不想多说什么，那就报之以微笑。被人称赞时发自内心的微笑，足以代替千言万语。

别忘了分享你的荣誉。如果你由于工作成就而获得称赞，而这个成就是大

> 被人称赞时发自内心的微笑，足以代替千言万语。

家共同努力的结果，那么就不要忘记提及你的同伴，比如：
"路易斯、简和克莱尔都大力支持了我。没有他们，就没有现
在的成果。"

精彩总结

- 表示赞扬、感谢，表达感恩之心，告诉人们他们的行动创
  造了积极的影响。

- 说明称赞或感谢别人的具体原因。肯定个人品质或特殊表
  现，说明他们的行为带给你怎样的感受。

- 意识到在某些人群或文化中，人们会出于礼貌而拒绝
  赞扬。

- 在适当的时候，通过写信、寄贺卡或者发邮件等方式进行
  书面致谢。

- 如果你觉得很难坦然接受赞美和表扬，那么就告诉自己，
  接受称赞本身也是对于他人的称赞。

- 把接受赞扬看作接受一份小礼物，不要忘了说"谢谢你"
  并报以微笑。

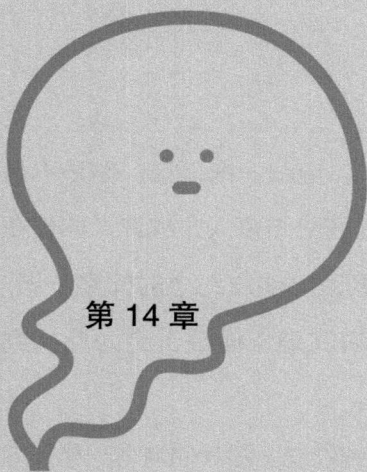

第 14 章

接纳自己是个"人"，
而非"机器"

你是不是上周决定要去跑步，但却一拖再拖？你是不是一直都想减少工作时间，多些时间陪陪家人？或许，你也在不断地向自己保证，这次一定要跟老朋友约个时间聚一聚。最终，你的这些计划是否都没有实现？你是否会为此感到内疚？

内疚的本意不是为了让你感到难过。跟其他情绪一样，内疚是一种有益的情绪信号。它的本意是让你在做错了某件事时知道自己做错了。内疚帮助你进行自我评估，知道自己做了什么，或者没有做什么。你可以将自己的实际表现和预先设想的或者自己认为应当采取的行动进行比较。只需进行这样的反思，就足以促使你改变自己的行为。不过在大多数情况下，内疚感会造成紧张和焦虑，从而使得执行原计划变得更加困难。

如果你已经习惯于先放一放再说的做法，那么你或许很擅长让自己突然间想到一些更重要或者更有趣的事情。

要想说服自己等会儿再去跑步很容易。比如，我们可以告诉自己，现在去洗车或者打扫厨房更重要。当然，通常情况下,我们不会认为洗车或者打扫厨房是一件令人愉悦的事情,但是跟出去跑步比起来,这样的清扫工作却变成了一个很吸引人的选择。

或者,你让自己相信,等完成了眼前这项很重要的工作之后,你一定会减少工作时间。再或者,你觉得圣诞节假期之前更有可能减少工作时间。

问题是这些做法只会适得其反。尽管对于跑步、跟老朋友聚会、减少工作时间的一拖再拖让人感觉很糟糕,但是,最新的研究表明,如果你由于没有实现计划而感到内疚,那么你会一直让这种不好的感觉持续下去;并且你还会发现,下一次当你想要实现承诺时,会更难推动自己。

如果你用自我责备来推动自己采取行动,比如,你觉得自己"应该"这样做,"必须"这样做,或者"理应"这样做等,那么这不会让你真心想要去做,只会让你感到内疚、郁闷和愤怒。

内疚感让人感觉很累,也容易分散精力。此外,因没有实现计划而导致的负面想法,会让你过后再去实现计划的努力变得更加艰难。

负面想法会导致失败和拖延的恶性循环。计划或目标被推后,你一次又一次地改写实现计划的日期。

当然，如果你总是轻易地修改计划，那么你恐怕会一直拖延下去。但是研究表明，比起那些因自己的过失而自责的人，能够原谅自己的人更有可能在下一次行动时有更好的表现。

认可内疚感，但不要纠结于此

对待内疚就像对待其他情绪一样，最好的做法就是体会和认识它，然后想明白自己需要做什么，采取下一步的行动并从内疚中解脱出来。

第一步是客观地评价自己的情绪，选择 1 ~ 10 分中的一个分数，给自己的内疚感打分。你可以考虑两个方面的问题：第一，让你感到内疚的那件事到底有多糟糕；第二，你到底有多内疚。

值得注意的是，内疚感是一种感觉，你觉得自己做错了，这并不意味着你真的做错了什么。所以，尽量找出产生内疚感的原因。也就是说，你到底觉得自己做错了什么？这为什么会让你感到内疚？

> 接纳你作为人而不是一台机器的现实。

第二步，体验并接纳你做过的或者该做而没做的事，以及由此产生的情绪，对自己的行动、感受和想法负责。所以，告诉自己你的确没有去跑步，的确还没有减少工作时间，的确还没有联系老朋友。接纳现实，因为你是人，所以不会像机器那样，按一下开关就开始工作。

从错误中学习和汲取经验

虽然你不能改变自己过去的行为，但是你可以从中汲取经验。没有实现自己的美好心愿可能有很多原因。

- **压力过大，不堪重负**。拖延是一种常见的应对焦虑的做法。
- **期望值过高**。或许，你给自己定的目标太高；或许，你高估了自己做事的能力，或者你认为"应当"做的事情有些不切实际。总之，完美的预期总是很难实现。
- **只能看到外部原因**。你这样告诉自己，比如，我今天太累了，所以不能去跑步；我是为了挣钱养家，所以才这么忙碌地工作；我实在太忙，就算不跟老朋友聚会，我的日程也已经被排得很满了。

无论出于什么原因而拖延，如果你的"自我评判"在谴责你自己，你就会开始感到内疚，自己让自己难受。你的这种消极思维模式只会继续拖你的后腿。

一旦你能够接纳自己的内疚感，找到问题的症结所在，你就需要让自己在今后再遇到此类问题时，尽量不要再拖延。让自己做好各种准备，保持正向的思维模式！你可以借鉴下面的这些方法。

- **做好准备**。明确自己的目标和计划，找到切实可行的实现方式。比如，如果你的目的是让自己更健康，那么有没有能让你每周坚持锻炼的更方便的做法呢？比如，每天午休时快步走？
- **让自己更现实一点，制定可实现的目标**。目标是需要在未来实现的事情，但是，制定目标则是眼前的事。如果你设定的目标让你感觉不错，这说明你的计划较为实际；如果目标让你感到难以承受或者有压力，那么就把这个目标分解为若干个小目标，或者改变计划。比如，你可以要求自己每周有一天在下午 5 点下班，而不必一开始就要求自己每个工作日都要在下午 5 点下班。
- **找到乐趣**。比如，如果你喜欢散步，那么就尽可能让自己多走路，而不是跑步。
- **寻求帮助**。把你的计划告诉那些你认识的有正能量的人。比如，联系你的朋友圈里那些积极主动的朋友，让他们帮忙。正能量的人会给予你鼓励和支持。

♡ **精彩案例**

我有两个孩子，一个 2 岁，一个 6 岁。我是一位总经理助理，每周工作 4 天。

新年之初，我报名参加了 6 月份的马拉松比赛。我计划每天早晨上班前进行跑步训练。第一周，因为周日夜里有一个孩子一直哭闹，我几乎一夜都没有睡觉。所以周一早上由于我实在太累，没有去跑步。这样的开头让我感到有点沮丧。周二我去晨跑了。但是上班时，经理告诉我有一项工作必须提前完成。也就是说，我明天得提早到公司，结果我又不能跑步了。

周四，我因为本周只训练了一次而感到很恼火。周五，我觉得没必要去跑步，因为那是我的休息日。我决定从下周再开始执行每天跑步的计划。又到了周一，我居然忘了去跑步！周二我去跑步了，但是我因为出差而错过了周三的晨练。之后的两天我也没有去跑步。这种状态一直持续到第二个月。我因为自己没有完成晨练计划而感到内疚，所以我想是否应该取消参加马拉松比赛的计划。

我向一位朋友谈及此事。我们的交谈让我意识到我原来的计划的确不太现实。每天晨跑、工作，同时还要照顾年幼的孩子和家庭，这怎么可能呢？

我不再自责，而是决定采取灵活的方式。我会在条件允许时去跑步，但如果某天不能跑步，我就会选择在午休时快步走。这种积极的做法很有效果——我实际上做到了每周三次的体能训练。

💗 精彩总结

- 内疚感往往会带来压力和焦虑，让我们很难继续前进。

- 在下一次行动中，能够自我原谅的人比自责的人做得更好。

- 利用内疚感的最好做法，就是体会它，认可它，想清楚自己需要做些什么，不再纠结。

- 全面看待问题。究竟是什么让你觉得自己做错了？你为什么对此感到内疚？

- 为自己的所作所为或者不作为承担责任，并从中总结经验教训。

- 不要为拖延创造条件，制订切实可行的计划，并保持积极的心态！

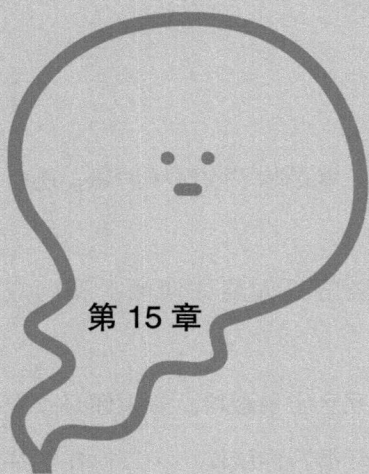

第 15 章

传达坏消息的万能句式

　　情感方面最严峻的挑战之一，就是除了收到坏消息，还有传达坏消息。

　　传达坏消息的时候，最重要的是你要如何倾听和回应对方。

　　有时，事情发生得很突然，完全出乎意料。如果你必须立即把坏消息告诉他人，那么用"我得跟你谈谈……"这句话开头，至少可以为谈话做一个铺垫，而不是直接让坏消息脱口而出。

　　除了紧急事件之外，你可以提前准备好自己要说的话，预估对方可能做出的反应和提出的问题。

　　首先，注意在传达坏消息时不要拐弯抹角，而是要直截了当地说出来。比如：

- "孩子们，我有一个不太好的消息。迪士尼乐园的酒店被订满了，我们今年夏天去不了了。"
- "有一个不好的消息要告诉你，你申请的补贴没有被通过。"

- "很遗憾，您的笔记本电脑修不好了。我们也没办法找回书稿的前三章了。"

先听，而不是先说

你最好先弄清楚对方的想法：他们已经想到了什么，或者他们期待怎样的结果？不妨先提出几个开放式的问题："您的笔记本电脑用了多久？最近的使用情况怎么样？"或者说："您的笔记本电脑不能用的时候，您是怎么继续工作的？"

假设对方这样回答："这个笔记本电脑买了一年多，可是一直不太好用，经常出故障。我实在受够了，基本上对它不抱太大的希望。"

此时你的回答应该反映出你对于对方情绪的理解。比如："所以，你对这台笔记本电脑感到相当失望。"

向他人传达坏消息时，有两件事需要我们注意：事实和对方在听到坏消息后的情绪反应。

我们要准备好应对强烈的情绪反应，认可这些情绪反应。除非这个坏消息也对你有直接影响，否则请保持冷静，避免情绪化。

你不能修好那台笔记本电脑，你不能改变申请补贴没有被通过的结果，你也不能强迫旅行社安排假期计划。但是，你能够认可对方的失望或愤怒，比如，你可以说："我很抱歉，这件事让您很生气！""我能看出来，这给您带来了很大的麻烦！""看得出来，您对此很不满意。"

不要说"我完全了解您的感受"，或者说"别再多想了"。即便你是出于好心，这样的说法也会让人感到你实际上并不理解对方的感受，或者你是在试图转移话题。

预先想到问题，准备好答案和理由

如果你不知道该怎样回答对方的问题，那么就实话实说，告诉对方你不知道。如果你知道他们能够从哪里得到答案或相关的信息，那么就告诉他们这些信息。

如果对方提出的问题相对复杂，那么你可以在不改变本意的前提下，以简单明了的方式重新描述问题。如果对方的话语听起来有些刺耳，那么就使用中性的语言回答问题。尽量保持冷静，回答问题时表现出尊重。

举个例子。如果对方说："你找曼迪谈过了吗？是她写的补贴申请报告，她可真让人失望。她在报告里提供的信息正确吗？不知道团队其他人会怎么想？他们一定很生气。"那么你可以这样回答："曼迪做的需求分析很全面，也是最新的。团队其他人还不知道这件事。"

提供替代方案

你有能够帮助解决问题的办法或信息吗？如果有，就在听到对方的反应之后，表示愿意分享这些办法或信息。说出你能够提供哪些帮助，或者问一问，"我能帮你什么？"并向对方建议其在后续步骤中可以采取的行动或方法。关注能做什么，而不是那些不可能做的。

说出积极的方面。这不是为了证明事情没那么糟糕，而是为了让对方看到有把握的积极因素。比如："但是，你还有时间向另一家机构申请补贴。"或者，"今年夏天我们一定会去度假的。"

你必须面对面地把坏消息告诉别人吗？发邮件或是写信看起来似乎更轻松。第一，你可以想清楚自己到底需要说什么，并准确地措辞；第二，你可以一口气说出自己想说的话，不会被打断。但是，这么做你将看不到对方的感受和反应。如果这是你选择书面传达坏消息的原因，那么这其实是逃避现实的一种选择。

当面对面地传达坏消息时，你可以有更多的途径来获得信息，比如对方的表情、肢体语言，怎样突出、缓和或重复你说的话等。你可以就此摸清对方的想法并澄清误会。所以，只要有可能，就与对方进行面对面的沟通。

怎么以书面形式传递坏消息

如果你不得不以书面形式传递坏消息，那么你同样需要意识到，你传递坏消息的方式，能够影响人们怎样接收坏消息，这与面对面的沟通是一样的。开场白很重要，这是你为传达坏消息架构语境和做好铺垫的机会。不同的语境（即与此消息有关的背景情况）可以为接收和理解坏消息带来不同的效果。比如下面这个例子。

非常感谢您提交的项目补贴申请。我们今年收到的来自不同社区组织的补贴申请是去年的四倍多。同时，为社区组织提供的补贴总金额却比去年减少了两成。我们已收到您的申请，并做出了决定。

这样做的目的不是绕圈子，而是说明背景情况。你必须说出坏消息，也必须给它做出铺垫。

说明背景情况之后，你就可以一五一十地说出那个坏消息了。

很遗憾，这次您的申请没有被批准。

你还需要对此做出解释。

您申请的补贴项目类别不在今年确定的"社区资助项目"之列。

应避免使用的句式和文字

一五一十地表述坏消息，并不意味着你可以毫无顾忌地乱写一通。尽管我们很难确保对方在阅读时不会感到难过，但是不恰当的言辞只会让事情更糟糕。比如，要小心使用"很清楚"和"很明显"之类的词语。当你告诉对方，"很明显，并不是每一份申请都会被批准"时，申请人可能并不认为这是那么"显然"的事情。这样的词语也会给人高高在上的感觉。

在传达坏信息的时候，请不要使用下面的这些句式。

- 你没能做到……
- 你显然没有做到……

- 你必须接受……

- 你将永远不会……

- 不可能……

预先想到对方可能提出的问题，并在文中给予回复。

然后，你可以向对方提供改进或采取其他行动的建议。

你可以考虑申请我们提供的其他补贴。请与我们的咨询顾问做进一步的沟通，或者登录网站，获取更多的相关信息。

读到坏消息是一方面，但是真正让人难受的是在这个问题上停滞不前。如果你能够在传达坏消息时，提供恰当的建议，并在可能的情况下，让坏消息成为能够克服的困难，那么你就能够在完全诚实地面对现状的情况下，让收到坏消息的人感到有希望，并看到积极的方面。

精彩总结

- 传达坏消息时，一定要实话实说，同时管理对方的情绪反应。

- 做好准备——先弄清楚对方已经想到或者知道的事情。如果是以书面形式通知对方，那么首先做出背景情况说明。

- 简单而诚实地提供最基本的信息。

- 倾听对方对于坏消息所做出的反应。提前考虑对方可能提

  出的问题，并提供有用的想法和信息。

- 保持积极的心态。关注能够做到的事情，而不是不可能的

  事情，帮助对方看到积极的方面。

后记

"emohahaha"的现代人仍可以拥有
内核稳定的高情商

　　不论你从这本书的哪一部分开始阅读，你都会看到一些提示和练习。尽管你不必完成所有的练习，但我还是希望你多做一些尝试。

　　改变一个人的思维和行为模式，既需要时间，也需要实践。比如，我在第 7 章建议，当你询问他人的想法和感觉时，"要保证在提出问题之后，给对方足够的时间回答问题。在回答你之前，他们可能需要安静地思考一下，所以不要在对方沉默不语时觉得自己应当把话题接过来。"如果你习惯于在谈话中见缝插针，打破沉默，那么请你改变这个习惯，同时练习本书中提到的其他方法和建议，而不是单纯地关注这一点，否则你会发现改变很难实现！

　　所以，你可以先从那些最吸引你的，也最实用的部分开始。等你准备好了，再回头看看其他的内容。

　　提高情绪能力，就像许多其他个人成长问题一样，你不可能在某个时刻大声宣告："好了，我已经掌握并实践了所有的情商知识。现在我的情商是满分。"但是，如果你参考本书，坚持规律性的日常实践，那么你很快就能够在不同情况下提高自己识别和管理情绪的能力，你将因此而拥有卓越的情绪能力！

版 权 声 明

Authorized translation from the English language edition, entitled UNDERSTANDING EMOTIONAL INTELLIGENCE Copyright ©2012, 2015 by GILL HASSON published by Pearson Education, Inc, Copyright© 2024 Pearson Education, Inc., 221 River Street, Hoboken, NJ 07030.

All rights reserved. No part of this book may be reproduced or transmitted in any form or by any means, electronic or mechanical, including photocopying, recording or by any information storage retrieval system, without permission from Pearson Education, Inc.

CHINESE SIMPLIFIED language edition published by POSTS AND TELECOM PRESS CO., LTD., Copyright © 2024.

本书中文简体版授权人民邮电出版社有限公司独家出版发行，Copyright © 2024。未经出版者许可，不得以任何方式复制或者节录本书的任何内容。

版权所有，侵权必究。

本书封面贴有 Pearson Education（培生教育出版集团）激光防伪标签。无标签者不得销售。

著作权合同登记号 图字：01-2024-3910 号

人邮普华
PUHUA BOOK

我
们
一
起
解
决
问
题